Die Schlepperwerkstatt

Bernhard Köser

Porsche-Traktoren restaurieren und reparieren

311 Farbfotos, 8 Zeichnungen und Schaltbilder sowie 42 Tabellen

Inhaltsverzeichnis

Vorwort

Das Hobby: Wie wird man Traktorfan

9 **Der Kauf eines Oldtimertraktors**
9 Bewertung eines Oldtimertraktors
9 Die eigenen technischen Fähigkeiten
10 Rechtliches zum Kauf
10 Gewährleistung nach neuem Schuldrecht
10 Unterschied Privatverkauf – Händler
11 Unterschiede Neuverkauf – Gebrauchtverkauf
12 Gewährleistungsdauer
12 Zeitpunkt des Mangels / Beweislastregel nach neuem Recht
13 Beschreibung des Kaufgegenstandes
14 Gewährleistungsrechte – Vorrang der Nachbesserung
15 Internetkauf / Gefahrübergang
15 Checkliste Traktorkauf

Wir restaurieren einen Schlepper

18 **Motor**
18 Zerlegen
20 Reinigen aller Motorenteile
20 Kurbelwelle mit Haupt- und Pleuellager
21 Kolben, Pleuel und Laufbuchsen
23 Nockenwelle
24 Zylinderköpfe
25 Einspritzpumpe
26 Einspritzpumpe einbauen und Förderbeginn einstellen
27 Einspritzdüsen prüfen, erneuern und einstellen
32 Motorendeckel, Regler und Gebläse
34 Schaltgetriebe
52 Kriechgangetriebe
52 Zapfwellenantriebe
54 Kupplung

Freude an der Technik

Es ist schon ein Abenteuer, alte Technik zu zerlegen und zu überholen. Diese Vorgelegewelle steht kurz vor der Montage in das Getriebegehäuse. Bei solch empfindlichen Teilen kommt es besonders auf Sorgfalt an.

59 Fußbremse
61 Handbremse
65 **Lenkung**
66 Lenkgetriebe
66 Spurstangen
67 Spur einstellen
67 Lenkrad
68 **Vorderachse**
69 Achsschenkel
69 Federung Porsche Achse
70 Radnabe und Radlager
71 Radlager einstellen
71 Frontgewichte
72 **Kraftstofftank**
73 Kraftstofffilter
73 Reservegeber
74 **Fahrgestell und Blechteile**
75 Fahrersitz überholen
80 Haube
80 Kotflügel

82 **Zugpendel**
83 **Zugvorrichtung**
83 **Blechglocke am Schalthebel**
84 Blechglocke für den Schalthebel herstellen
86 Bedien- Warn- und Typenschilder
87 **Kotflügelhalter hinten**
87 Kotflügelhalteraufnahme höhenverstellbare Vorderachse
87 **Aufstieghilfe**
88 **Armaturenbretter, Armaturenhaube**
90 Armaturen
93 **Räder**
93 Felgen
94 Reifen
94 Radgewichte
95 **Hydrostopp**
96 **Hydraulik**
96 Pumpe
96 Hydraulikblock
101 Zusatzsteuergerät
102 Kraftheber 400 mkg überholen
107 **Lackiervorbereitungen**
107 Altlack enfernen

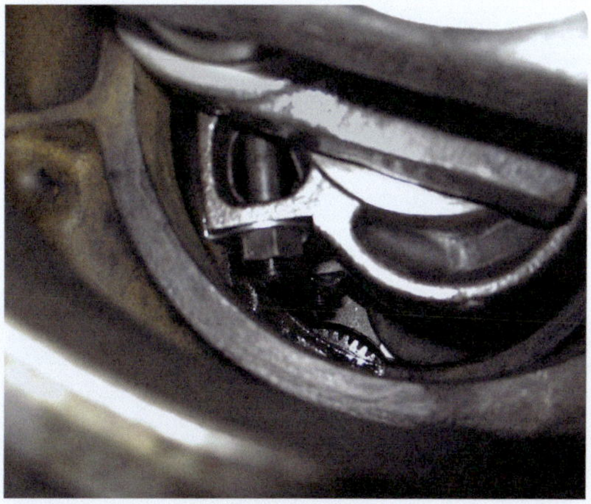

Schrauben, Muttern, Lager

Für solche Details ist ein gewisses technisches Verständnis förderlich, aber nicht zwingend notwendig. Wer Schritt-für-Schritt vorgeht, kommt zum Ziel.

108 Sandstrahlen
108 **Grundierungen, Spachtel und Füller, Farben und Lacke**
108 Grundierung, Spachtel, Füller
109 Lackfarben
110 Lampen lackieren

Rot und glänzend – Porsche-Diesel

Genügend Platz, eine feste Werkbank und die Freude, etwas zu schaffen, sind die Grundlagen für dieses Hobby. Der Rest kommt wie von selbst.

111 **Die Elektrik**
127 TÜV-Abnahme
129 **Warten und Pflegen**
133 **Überwintern**

Service

136 Technische Daten

206 Links
204 Literaturverzeichnis

Porsche-Diesel – eine Leidenschaft!

Sie haben es gleich verstanden. Dies ist kein normaler Traktor, sondern ein rassiger Schwabe aus Friedrichshafen. Rot ist seine Farbe. Rot ist die Farbe der Leidenschaft. Oldtimerbesitzer wissen, was Leidenschaft bedeutet. Porsche-Diesel-Freunde strahlen vor Glück. Die Begeisterung und Freude, Oldtimer aus der Land- und Forstwirtschaft zu restaurieren und zu erhalten, vorzuführen, zu erklären und so manche Begebenheit aus dem Arbeitsleben der alten Maschinen weiterzugeben, ist mehr als nur eine vorübergehende Episode. Ebenso muss es den Herren ergangen sein, die damals die Porsche-Diesel-Motorenbau GmbH gründeten.

Wo und wann die Idee zur Gründung der Porsche-Diesel-Motorenbau GmbH geboren wurde, lässt sich kaum genau feststellen. Naheliegend jedoch ist, dass der sich der Landwirtschaft verbunden fühlende Mannesmann-Vorstandsvorsitzende H. WINKHAUS daran beteiligt war. Winkhaus kannte Professor Porsche und hat sich mit ihm über landtechnische Probleme auseinandergesetzt, zu einer Zeit allerdings, als im Montanunternehmen Mannesmann noch nicht darüber gesprochen wurde, dass man sich im Traktorenbau engagieren könnte. Doch

Winkhaus hat das Geschehen rund um den Bau von Porsche-Traktoren bei Allgaier, Uhingen, nie aus den Augen verloren. So kamen für ihn 1955 die Informationen sicherlich nicht überraschend, dass Allgaier bereit sei, sich von der Schlepperfertigung zu trennen. Zugegriffen hat Mannesmann jedenfalls, zunächst in finanziell bescheidenem Umfang, als Anfang 1956 die Porsche-Diesel-Motorenbau GmbH mit einem Stammkapital von 100 000 DM gegründet wurde.
1956 im Sommer kommt es zur ersten optischen und technischen Überarbeitung der zunächst unverändert weitergelaufenen Produktion. Bisher hatten nur zwei der drei angebotenen A 111-Typen zur besseren Unterscheidung die Bezeichnung A 111K (kurz) statt A 111V (verkürzt) und A 111L (lang) statt A 111 erhalten. Nun erhalten die Schlepper statt des A für Allgaier die Bezeichnung P für Porsche (P 111, P 122, P 133 und P 144). Der Schriftzug Allgaier wird durch Porsche-Diesel ersetzt; das Wappen mit „Allgaier-Diesel“ bzw. „Diesel“ auf der Motorhaube verschwindet. An die Stelle des AP 16 tritt der AP 18, wie sein Vorgänger ohne ölhydraulische Kupplung.
Aber „Kleckern“ war nicht die Sache von Winkhaus. Wenig später schon „klotzte“ Mannesmann und stockte das Stammkapital auf die für die damalige Zeit beachtliche Höhe von 25 Millionen DM auf. Das Geld wurde benötigt, um auf dem früheren Zeppelin- und Dornier-Gelände nahe Manzell bei Friedrichshafen unmittelbar am Bodensee ein neues Traktorenwerk zu erbauen, dessen Jahreskapazität rund 20 000 Einheiten betragen sollte.
Bis es allerdings so weit war, hatte Porsche-Diesel noch einen weiten Weg zu gehen. 1957 produzierte man gerade halb so viele Traktoren, von denen 5625 im Inland verblieben. 1957 wurde ein Jahr der Wende. Mit der Einweihung mehrerer neuer Werkshallen von 16000 m^2 und der Fertigstellung der Produktionsstraße stieg Porsche-Diesel in die Großserienfertigung ein. Im selben Jahr wurde das Vertriebssystem geändert, der Export ausgebaut und das Verbrennungsverfahren bei Motoren mit Tunnelgehäuse optimiert, woraus sich eine Leistungssteigerung ergab.
Dass vom Bodensee aus gleichwohl frischer Wind in die deutsche Traktorenlandschaft wehte, bekamen die Konkurrenten schnell zu spüren, unter anderem durch die Vergrößerung des Porsche-Traktorenprogramms. Mit dem Typ AP 18 stellte das Werk noch 1956 einen interessanten Standard-Traktor mit Teleskop-Einzelradfederung vorne, Zapfwelle und Kraftheber vor, der sich gut in die sonstige Palette mit Zugmaschinen im Leistungsbereich zwischen 12 und 44 PS einfügte.
Auffallender noch aber war das forsche Agieren der Porsche-Diesel-Mannschaft um Professor PRINZING. Sie setzte in den Bereichen Öffentlichkeitsarbeit und Händlerschulung neue Maßstäbe, die – wie in der Branche gemunkelt wurde – erkennen ließen, dass einige Füh-

rungskräfte von Porsche-Diesel über eine „Generalstabsausbildung“ verfügten. So verging kaum eine Woche, in der das Unternehmen nicht mit neuen Erfolgsmeldungen aufwartete. Meldungen über Exporte, Preissenkungen, Ersatzteillager-Eröffnungen oder die Zusammenarbeit mit Konkurrenzfirmen wie Normag und Orenstein & Koppel jagten einander und vermittelten den Eindruck von atemberaubender Geschäftigkeit, was nicht ohne Wirkung blieb. Von 1957 bis 1958 verbesserte Porsche-Diesel seinen Marktanteil von 7,0 % auf 12,1 %, verdoppelte annähernd die Zahl der Inlandszulassungen und belegte einen achtbaren zweiten Rang in der Liste der größten Traktorenanbieter Deutschlands. Mit fast 17 000 produzierten Einheiten näherte man sich sogar der Kapazitätsauslastung, nur bedeutete dies nicht, dass auch das Wirtschaftsergebnis stimmte. Preiszugeständnisse hatten zumindest mit dazu beigetragen, den „Sprung nach vorne“ zu ermöglichen.

Info:
Selten in der deutschen Traktorengeschichte haben Aufstieg und Niedergang eines Herstellers so atemberaubend stattgefunden wie bei der Porsche-Diesel-Motorenbau GmbH.

Ideenreich waren die Porsche-Diesel-Leute auf jeden Fall Ende der fünfziger Jahre. „Nur noch drei Typen“ lautete eine Presseinformation und tatsächlich, da wurde der ehemalige Schlepper P 111 zum „Junior“, der P 122 zum „Standard“ und der P 133 zum „Super“. Diese Bezeichnungen erwiesen sich als gut gewählt. Rasch setzten sie sich bei der Landbevölkerung fest und selbst heute, rund 50 Jahre nach Beendigung des Porsche-Diesel-Schlepperbaus, sind sie dort immer noch geläufig.

Ebenfalls als echter Knüller wirkte die Bekanntgabe, Porsche-Diesel arbeite auf den „reklamationsfreien“ Schlepper hin. Bewusst wurden damit Erinnerungen an den Volkswagen geweckt, dessen Konstruktion ja auch untrennbar mit dem Namen Professor Porsches verbunden war.

Aufsehen erregte schließlich die Bereitschaft des Unternehmens, rechtzeitig vor der Frühjahrsbestellung eine kostenlose Schlepper-Inspektion durchzuführen. 1959 zum Jahresende warb Porsche-Diesel zudem mit drastischen Preissenkungen bei den Typen „Junior“ und „Standard“. Unter der Bezeichnung „Junior V“ (Baumuster G 108) wurde z. B. die vereinfachte Ausführung des 14-PS-Schleppers für 4980 DM angeboten.

Und weitere Aktionen ließen nicht lange auf sich warten. 1960 erfolgte eine umfassende Modifizierung. Bei den 1 – 4-Zylinder-Motoren mit Tunnelgehäuse (Baumuster 108 – 408, 116 mm Hub) wurden die Bohrungen von 95 mm auf 98 mm vergrößert, wodurch sich eine Steigerung der Motorleistung und eine Änderung der Baumuster (109 – 409) und Typenbezeichnungen ergab. Ein weiterer Schlepper, der „Standard T“, kam dazu. Trotz Großserienfertigung, weiterer Rationalisierung und erheblicher Expansionsbemühungen musste Porsche-Diesel den 2. Platz an IHC abtreten. Trotz aller Aktionen der Porsche-Diesel-Motorenbau GmbH kamen die roten Traktoren vom

Bodensee nie über den zweiten Platz unter Deutschlands Traktorenherstellern hinaus.
Gründe für die bereits 1960 sichtbar werdende Stagnation bei Porsche-Diesel gab es mehrere. So lief gerade der erste große Nachkriegs-Schlepperboom aus, was das auf großen Absatz angelegte Unternehmen härter traf als kleinere Konkurrenten. Auch hatten unter Preis abgegebene Zugmaschinen die Absatzkanäle verstopft mit der Konsequenz, dass neue Modelle nur schwer am Markt unterzubringen waren.
Neue Modelle aber produzierte Porsche-Diesel mit großem Eifer, so dass schließlich drei Varianten des Typs Standard mit 20, 26 und 30 PS, zwei Super-Modelle mit 35 und 40 PS sowie seit 1959 der Typ Master zur Auslieferung gelangten. Alle diese Traktoren verfügten über luftgekühlte Porsche-Dieselmotoren, gut abgestufte Getriebe, mehrere Zapfwellen, Mähantrieb, Kraftheber und bestachen nicht zuletzt durch ihre knallrote Farbe.
Als wichtigster Grund für die rückläufigen Absatzzahlen der Porsche-Diesel-Traktoren muss aber wohl das nachlassende Interesse des Mannesmann-Konzerns an der Friedrichshafener Tochter angeführt werden. Nachdem es nicht gelungen war, den Traktorenmarkt gleichsam im Handstreich zu erobern, begann man in der Düsseldorfer Zentrale zu rechnen. Das Ergebnis gab jenen Kräften Auftrieb, die einer Trennung vom Traktorenbau das Wort redeten. Ganze 3 % der Porsche-Diesel-Schlepper, die Räder und das Kotflügelblech wurden konzerneigen erzeugt! Der Rest stammte entweder aus Friedrichshafener Fertigung oder von Zulieferern und davon hatte Mannesmann wenig, sah man doch von der Bodensee-Tochter ohnehin kaum Geld.
Ohne eine letzte Chance sollte das kostspielige Abenteuer aber nicht beendet werden. Deshalb übernahm man 1962 von MAN den Rest des Traktorenbaues, wobei die Überlegung sicher eine große Rolle spielte, auf diese Weise an die wassergekühlten MAN-Motoren heranzukommen. Doch die in diesen letzten Kraftakt gesetzten Hoffnungen trogen. Die Verkaufszahlen von Porsche-Diesel sanken weiter ab und reichten 1963 gerade noch zu einem Marktanteil, der 1955 von Allgaier quasi als „Mitgift“ übernommen worden war: 4,7 % – Anlass für Überlegungen, den Unimog-Motor von Daimler-Benz in Porsche-Traktoren einzubauen.
Das Ende von Porsche-Diesel, dessen Traktoren 1963 einen Anteil am Gesamtbestand von 8,5 % in Deutschland hatten und der nur von KHD, Fendt und Hanomag übertroffen wurde, ist rasch skizziert. Es brachte den Übergang der Werksanlagen vom Bodensee an Daimler-Benz, die Einstellung der Traktorenfertigung und die Übernahme des Vertriebs und der Ersatzteilversorgung durch Renault und später durch die Firma Bladt. Heute sind die Firmen Fricke, Lackner und Senger für die Ersatzteileversorgung tätig.

Info:
Heute sind Allgaier- und Porsche-Diesel-Schlepper, nachdem sie jahrelang ihren Dienst in der Landwirtschaft taten, gesuchte und begehrte Liebhaberstücke. Diese faszinierenden Schlepper werden mit viel Sachverstand von ihren Besitzern restauriert. In neuem Glanz strahlen die Schmuckstücke vom Bodensee erneut eine ganz besondere Faszination aus.

So sieht der in diesem Buch beschriebene Porsche-Diesel fertig restauriert aus.

Das Hobby: Wie wird man Traktorfan?

Ein Faible für Technik aus den fünfziger Jahren und Begeisterungsfähigkeit. Etwas freie Zeit, handwerkliches Geschick, die Liebe zum Detail und ein restaurierbares Objekt, welches das Herz höher schlagen lässt. Und schon ist man Traktor- und Oldtimerfan.
Alle Oldtimerfans, die mit einem Porsche-Diesel Traktor über die Landstraße fahren, bei herrlichem Sonnenschein den Fahrtwind genießen und in die freundlichen Gesichter der Menschen am Straßenrand blicken, werden sicherlich zustimmen, dass dieses Hobby eines der schönsten der Welt sein kann.
Diese Freude bereitet mir ein Porsche-Diesel Dreizylinder, der im Juli 1957 die Welt erblickte und seitdem vielen Menschen treue Dienste geleistet hat. Im Jahre 2007 habe ich ihn erworben und restauriert.
So nehme ich mit meinem restaurierten Porsche-Diesel an Oldtimerausfahrten teil, sogar bis ins benachbarte Ausland, und überall erregt der Porsche-Diesel Aufsehen und steht bei allen Oldtimertreffen im Mittelpunkt.

Der Kauf eines Oldtimertraktors

Der Kauf eines Oldtimer-Schleppers ist trotz seines technischen Hintergrundes in erster Linie eine stark emotionale Sache, die mit einem normalen Traktorenkauf nicht vergleichbar ist. Gerade bei Oldtimern wird leider viel gelogen und betrogen. Schließlich handelt es sich um begehrte, zum Teil wertvolle Objekte.
Vor dem Kauf eines Oldtimers sollte man sich also gründlich schlau machen. Oldtimerbewertung, wie entstehen Marktwerte, was ist mein Oldtimerschlepper wert, gibt es ein Oldtimergutachten oder ist der Schlepper bereits begutachtet worden, all diese Fragen und weitere beschäftigen den Oldtimerfan, der eigentlich nur noch an das Objekt seiner Begierde denken will. Doch halt, erst dieses Kapitel lesen, bevor Sie sich entscheiden!

Bewertung eines Oldtimertraktors

Das den Wert entscheidende Kriterium bei der Bewertung eines Oldtimerschleppers ist der Pflege- und Erhaltungszustand des jeweiligen Objektes. Dieser Erhaltungszustand wird in der Regel unterteilt in einzelne Zustandsnoten. Jeder dieser 5 Zustandsnoten kann selbstverständlich ein Marktwert zugeordnet werden. Diese Zustandsnoten wurden erstmals 1985 in der Zeitschrift „Oldtimer-Markt" veröffentlicht:

Note 1: Makelloser Zustand. Keine Mängel an Technik, Optik und Historie (Originalität). Fahrzeuge der absoluten Spitzenklasse. Unbenutztes Original (Museumsauto) oder mit Neuteilen komplett restauriertes Spitzenfahrzeug. Wie neu (oder besser). Sehr selten!

Note 2: Guter Zustand. Mängelfrei, mit leichten Gebrauchsspuren. Original oder fachgerecht und aufwendig restauriert. Keine fehlenden oder zusätzlich montierten Teile.

Note 3: Gebrauchter Zustand. Normale Spuren der Jahre. Kleinere Mängel, aber voll fahrbereit. Keine Durchrostungen an Kotflügeln und Verkleidungsblechen. Keine sofortigen Arbeiten notwendig. Nicht schön, aber gebrauchsfertig.

Note 4: Verbrauchter Zustand. Nur bedingt fahrbereit. Sofortige Arbeiten notwendig. Leichtere bis mittlere Durchrostungen. Einige kleinere Teile fehlen oder sind defekt. Teilrestauriert. Leicht zu reparieren (bzw. zu restaurieren).

Note 5: Restaurationsbedürftiger Zustand. Nicht fahrbereit. Schlecht restauriert bzw. teil- oder komplett zerlegt. Größere Investitionen nötig, aber noch restaurierbar. Fehlende Teile.

Die eigenen technischen Fähigkeiten

Die eigenen technischen Fähigkeiten sollten einer realistischen Einschätzung unterzogen werden. Das zur Verfügung stehende Werkzeug sowie die räumlichen Möglichkeiten begrenzen oder erweitern die Eigenleistungen am Restaurierungsobjekt. Festlegen, was selbst restauriert werden kann und was vergeben werden muss, darüber die Kosten erfassen und eine Gesamtkalkulation mit Puffer für Unvorhergesehenes erstellen. So kann ich nun guten Gewissens ein auf meine Fähigkeiten und auf mein Budget zugeschnittenes Objekt erwerben.

Nicht vergessen:
Beurteilungsbogen verwenden, Zustand des Oldtimers unter Zuhilfenahme der angegebenen Kriterien Benotung festlegen. Nötigenfalls Gutachten von einem amtlich anerkannten und Oldtimer erfahrenen Sachverständigen bewerten lassen. (z. B. TÜV oder DEKRA)

Rechtliches zum Kauf

Beim Kaufvertrag verpflichtet sich der Verkäufer zur Übergabe und Übereignung des Kaufgegenstandes, der Käufer verpflichtet sich zur Zahlung des vereinbarten Kaufpreises. Was sich in der Theorie sehr einfach anhört, führt in der Praxis häufig zu vielfältigen Problemen. Diese Probleme resultieren meist und in erster Linie daraus, dass der Käufer mit dem übergebenen Kaufgegenstand nicht zufrieden ist.
Die subjektive Zufriedenheit des Käufers ist jedoch nicht der geltende Maßstab. Sofern der Käufer mit dem gelieferten Kaufgegenstand nicht zufrieden ist, muss er sich fragen (lassen), ob der übergebene Gegenstand den Anforderungen entspricht, die dieser Gegenstand nach dem geschlossenen Kaufvertrag haben soll. Sofern der Kaufvertrag zur Beschaffenheit des Kaufgegenstandes keine ausdrücklichen Angaben enthält, wird ersatzweise auf die übliche Beschaffenheit eines solchen Kaufgegenstandes abgestellt. Diese Vereinbarung der Beschaffenheitsangaben des Kaufgegenstandes hat gerade vor dem Hintergrund des neuen Schuldrechtes ganz besondere Bedeutung gewonnen. In der Vergangenheit war es nach altem Schuldrecht nämlich weitgehend möglich, einen Gewährleistungsausschluss zu vereinbaren. Diese Möglichkeiten zur Vereinbarung eines Gewährleistungsausschlusses sind nach neuem Schuldrecht drastisch reduziert worden.

Gewährleistung nach neuem Schuldrecht

Bei der Frage, ob die Gewährleistung nach neuem Schuldrecht ausgeschlossen oder zumindest reduziert werden kann, wird nach zwei Kriterien unterschieden:

- nach der Einordnung des Verkäufers (Privatverkauf oder gewerblicher Verkauf)
- nach dem Kaufgegenstand (neu oder gebraucht).

Unterschied Privatverkauf – Händler

Der Privatverkäufer hat mehr Möglichkeiten, die Gewährleistung zu reduzieren als der gewerbliche Verkäufer. Sofern der Privatverkäufer an einen Käufer den Gegenstand veräußert und beim Abschluss des Kaufvertrages nicht auf sogenannte allgemeine Geschäftsbedingungen zurückgreift, sondern den Kaufvertrag individuell mit dem Käufer aushandelt, kann er hier die Gewährleistung völlig ausschließen.

Bitte beachten Sie, dass der Gewährleistungsausschluss ausdrücklich im Kaufvertrag vereinbart werden muss. Der Gewährleistungsausschluss greift bei einem privaten Verkauf nicht etwa automatisch! Verkauft ein Privatmann einen Gegenstand unter Verwendung einer allgemeinen Geschäftsbedingung (AGB), so kann er die Gewährleistung nur auf 1 Jahr reduzieren.
Auch beim Privatverkauf hat die Verwendung der AGB Bedeutung. Nach neuem Recht handelt es sich nämlich schon dann um allgemeine Geschäftsbedingungen, wenn der Vertragstext für eine Vielzahl von Verträgen vorformuliert ist. Dies ist beispielsweise auch dann der Fall, wenn ein Privatmann auf einen im Internet vorformulierten Vertrag zurückgreift. Eine mehrfache Verwendung ist nicht mehr erforderlich!
Verkauft ein Händler ein Fahrzeug, ist eine Reduzierung der Gewährleistung nur noch bei gebrauchten Gegenständen auf ein Jahr möglich. Auch hier greift die Reduzierung nicht automatisch, sondern muss ausdrücklich zwischen dem Verkäufer und dem Käufer vereinbart werden. Bei neuen Gegenständen verbleibt es bei zwei Jahren. Eine Reduzierung ist unwirksam.
Viele Händler gehen in jüngster Zeit als eine Art „Küchentischhändler" dazu über, ihre wahre Händlereigenschaft zu verschleiern und beim Verkauf als Privatmann aufzutreten. Sofern dieser Umstand auffällt, dürfte diese Konstruktion wenig überzeugend sein. Die Gerichte dürften den Verkäufer dann als gewerblichen Verkäufer qualifizieren, da er den Kaufgegenstand vormals nur eingekauft hat, um ihn später wieder zu verkaufen. Häufig ist die Verschleierung des tatsächlich vorliegenden gewerblichen Handels auch sehr leicht zu durchschauen. Wenn der Verkäufer nämlich ein Gewerbe angemeldet hat, welches sich irgendwie mit Kfz auseinandersetzt, kann dies für jedermann durch eine Nachfrage beim zuständigen Gewerbe- / Ordnungsamt erfragt werden. Indizien für die Verschleierung der Händlereigenschaften können auch darin bestehen, dass der angebliche Privatverkäufer häufiger Anzeigen zum Kauf / Verkauf von Pkws in Zeitungen schaltet oder entsprechend viele und regelmäßige Angebote im Internet veröffentlicht. Ferner kann eine Erkenntnisquelle beim örtlich zuständigen Straßenverkehrsamt bestehen, wenn die betreffende Person regelmäßig Autos an- und ummeldet. Allerdings sind die Straßenverkehrsämter nicht zur Auskunft verpflichtet.

Unterschiede Neuverkauf – Gebrauchtverkauf

Sofern ein Unternehmer an einen Privatmann verkauft, handelt es sich um einen sogenannten Verbrauchsgüterkauf. Auch wenn der Begriff etwas irreführend ist, muss es sich bei dem Verbrauchsgüterkauf nicht um solche Gegenstände handeln, die typischerweise verbraucht werden. Beim so genannten Verbrauchsgüterkauf wird bei der Frage, wie weit die Gewährleistung reduziert werden kann, danach unterschieden, ob es sich um einen Verkauf neuer Gegenstände handelt oder um einen Verkauf gebrauchter Gegenstände. Beim Verkauf neuer Gegenstände kann die Gewährleistungsdauer faktisch nicht reduziert werden. Beim Verkauf gebrauchter Gegenstände kann die Gewährleistungsdauer auf 1 Jahr reduziert werden.

Ganz wichtig:
Schreiben Sie alles in den Kaufvertrag, was Sie für notwendig erachten. Wählen Sie eindeutige und aussagefähige Worte. Schreiben Sie alle vom Verkäufer zugesagten Eigenschaften genau nieder. Beschreiben Sie den Kaufgegenstand genau.

Gewährleistungsdauer

Der Grundsatz der Gewährleistungsdauer für bewegliche Gegenstände beläuft sich auf 2 Jahre. Die Gewährleistung beginnt mit der Übergabe des Kaufgegenstandes an den Käufer. Grundsätzlich unterliegen auch Verschleißteile der Gewährleistung von 2 Jahren, wobei jedoch die Besonderheit gilt, dass der normale Verschleiß sicherlich kein die Gewährleistungsrechte hervorrufender Mangel im juristischen Sinn ist.
Beim oben bereits erläuterten Verbrauchsgüterkauf hat eine 6-monatige Frist noch eine besondere Bedeutung. Sofern nämlich ein juristisch relevanter Mangel innerhalb der ersten 6 Monate nach Übergabe des Kaufgegenstandes auftritt, wird vermutet, dass der Mangel auch schon bei der Übergabe vorlag. Juristisch bedeutsam ist nämlich ein Mangel nur, wenn der Kaufgegenstand schon bei Übergabe an den Käufer mangelhaft war. Nicht erforderlich ist hierbei, dass der Mangel schon in Erscheinung getreten ist. Er muss nur dem Grunde nach schon bei Übergabe angelegt gewesen sein.
Verwechseln Sie die Gewährleistungsdauer nicht mit einer Garantie: Bei einer Garantie – die ausdrücklich eingeräumt sein muss – haftet der Verkäufer dafür, dass innerhalb der gesamten Garantiezeit kein Mangel auftritt.

Zeitpunkt des Mangels / Beweislastregel nach neuem Recht

Nach dem alten Schuldrecht verjährten die Gewährleistungsansprüche innerhalb von 6 Monaten nach Übergabe des Kaufgegenstandes. Auch wenn die neue Verjährungsfrist regulär 2 Jahre bei beweglichen Gegenständen beträgt, ist die 6-Monats-Frist nicht völlig bedeutungslos geworden. Damit überhaupt Gewährleistungsrechte bestehen, muss der Mangel bei Gefahrübergang – meist die Übergabe an den Käufer bzw. den Spediteur – vorhanden oder dem Grunde nach zu diesem Zeitpunkt zumindest schon angelegt sein. Nicht erforderlich ist, dass dieser Mangel schon sichtbar war oder eine konkrete Auswirkung hat. Die ersten Ansätze des Mangels müssen aber schon vorhanden sein.
Ein Beispiel verdeutlicht dies: Sofern sich Rostflecken erst nach der Übergabe an den Käufer zeigen, kann gleichwohl eine Mangelhaftigkeit darin vorliegen, wenn diese Rostanfälligkeit durch einen falschen Lackaufbau begünstigt wurde. Der eigentliche Mangel ist dann der

falsche Lackaufbau, der zum Zeitpunkt der Übergabe schon vorhanden war. Nun ist es regelmäßig recht schwierig und mühsam zu ermitteln, ob ein Mangel, der sich später zeigt, dem Grunde nach schon bei Übergabe des Kaufgegenstandes angelegt war. Hier kommt nach neuem Schuldrecht die 6-Monatsfrist beim Verkauf von Gewerblich an Privat zu Hilfe. Sofern sich nämlich der Mangel innerhalb der ersten 6 Monate nach Übergabe des Kaufgegenstandes zeigt, wird vermutet, dass der Mangel auch schon bei Übergabe des Kaufgegenstandes vorhanden war. Dies führt faktisch zum Umkippen der Beweislast nach den ersten 6 Monaten. Sofern der Mangel innerhalb der ersten 6 Monate auftritt, muss der Verkäufer beweisen, dass dieser Mangel erst später entstanden ist und nicht – auch nicht dem Grund nach – bei Übergabe schon vorhanden war. Zeigt sich der Mangel nach Ablauf der 6-Monats-Frist, muss der Käufer beweisen, dass der Mangel schon bei Übergabe des Kaufgegenstandes vorhanden oder dem Grunde nach angelegt war.

Beschreibung des Kaufgegenstandes

Ein juristisch relevanter Mangel liegt – wie oben bereits in Ansätzen erläutert – nur dann vor, wenn der Kaufgegenstand nicht die Eigenschaften erfüllt, die er nach dem abgeschlossenen Vertrag haben sollte. Die Juristen sprechen von einer negativen Abweichung der Ist-Beschaffenheit von der Soll-Beschaffenheit. Gerade in den Fällen, in denen die Gewährleistung nicht ausgeschlossen werden kann, erlangt es daher besondere Bedeutung, die Beschaffenheit des Kaufgegenstandes im Kaufvertrag ausdrücklich zu vereinbaren. Bei Ersatzteilen kann hier z.B. ausdrücklich vereinbart werden, ob es sich um ein Originalteil, um ein originalgetreues Nachbauteil oder ein Ersatzteil handelt, welches gerade nicht originalgetreu ist. Ferner können hier Angaben zum Alter des Kaufgegenstandes und zu den vorherigen Nutzungen getätigt werden.

Gerade beim Kauf ganzer Fahrzeuge haben hier die Zustandsnoten eine gewisse Bedeutung. Sofern eine Zustandsnote 2 vereinbart wird, dürfen keine Durchrostungen vorhanden sein. Die Problematik – gerade für gewerbliche Händler – besteht nun darin, dass sie selbst häufig den Kaufgegenstand nicht so genau inspiziert haben, dass sie vorhersagen könnten, ob innerhalb der nächsten 2 Jahre beispielsweise ein Getriebeschaden auftritt oder ein Lager des Motors den Dienst versagt. Ein Lösungsansatz dieser Problematik kann darin bestehen, dass der Kaufgegenstand einem Sachverständigen zur Begutachtung und Wertfeststellung vorgestellt wird. Gerade bei Oldtimern sind die Wertgutachten – die bislang meist im Hinblick auf den Abschluss von Kaskoversicherungen erstellt wurden – nunmehr auch beim Kaufvertrag von Bedeutung. Gleichwohl lässt sich auch durch ein solches Gutachten das Spannungsverhältnis zwischen den Verkaufsanpreisungen des

Autohändlers einerseits und den möglichst zurückhaltenden Beschaffenheitsangaben andererseits nicht vollständig auflösen. Ein Gewährleistungsrestrisiko kann dem Händler nicht erspart werden. Dies gilt insbesondere vor dem Hintergrund, dass ein Prozessrisiko beim – häufig als Privatperson auftretenden – Kunden eventuell von einer Rechtsschutzversicherung getragen wird, der Händler den Vertragsrechtsschutz aber gar nicht versichern kann. Hier ist das Fingerspitzengefühl des Autohändlers im Einzelnen gefragt.

> **Wichtig:**
> Nie durch neue Lackierung am Kaufobjekt blenden lassen.
> Alle festgestellten Mängel notieren, bei Unsicherheiten einen erfahren Mechaniker oder Oldtimerkollegen bemühen.

Gewährleistungsrechte – Vorrang der Nachbesserung

Wie oben bereits dargestellt, hat das neue Schuldrecht die Gewährleistungsrechte des Käufers gerade durch die Reduzierung der Möglichkeiten des Gewährleistungsausschlusses deutlich gestärkt. Dem hat der Gesetzgeber aber auch eine Erleichterung der Situation für den Verkäufer gegenüber gestellt. Anders als nach vorherigem Recht kann der Käufer nämlich die Gewährleistungsrechte des Rücktrittes (vormals Wandlung), der Minderung und des Schadensersatzes nicht sofort geltend machen. Vielmehr muss er dem Verkäufer zuvor die Nacherfüllung ermöglichen. Im Rahmen der Nacherfüllung hat der Verkäufer die Möglichkeit, entweder einen mangelfreien Kaufgegenstand zu liefern oder den Mangel (selbst oder durch Dritte) zu beseitigen. Dabei steht das Wahlrecht zwischen beiden Möglichkeiten (in gewissen Grenzen) dem Käufer zu.

Gibt der Käufer dem Verkäufer diese Möglichkeit zur Nacherfüllung nicht, so kann er die Rechte der Wandlung, der Minderung und des Schadensersatzes nicht geltend machen. Dies hat insbesondere dann besondere Bedeutung, wenn der Käufer dem Verkäufer sogleich die Werkstattrechnung über die Beseitigung des Mangels präsentiert.

Der Verkäufer kann die vom Käufer geltend gemachte Nacherfüllung dann verweigern, wenn sie nur mit unverhältnismäßig hohen Aufwendungen möglich ist. Abzustellen ist hierbei auf den Wert des Kaufgegenstandes im mangelfreien Zustand, die Bedeutung des Mangels für den Kaufgegenstand und die Frage, ob auf eine andere Form der Nacherfüllung ohne erhebliche Nachteile für den Käufer zurückgegriffen werden kann. Die Nacherfüllung kann bewerkstelligt werden durch die Lieferung eines mangelfreien Kaufgegenstandes oder durch die Reparatur. Das Wahlrecht zwischen den beiden Varianten steht hierbei grundsätzlich dem Käufer zu.

Unter den genannten Voraussetzungen kann der Verkäufer jedoch die vom Käufer geltend gemachte Variante verweigern. Dies hat im Oldtimerrecht besondere Bedeutung, da die Lieferung eines Fahrzeuges, welches exakt dem abgeschlossenen Kaufvertrag entspricht, den geltend gemachten Mangel aber gerade nicht hat, in der Regel sehr schwer fallen wird. Hier kann der Käufer dann nicht die Lieferung einer mangelfreien Sache, sondern nur die Reparatur geltend machen.

Internetkauf / Gefahrübergang

Gerade beim Erwerb von Ersatzteilen hat hierbei die Widerrufsmöglichkeit des Käufers sowie das Versendungsrisiko besondere Bedeutung.

Sofern der Kaufvertrag unter dem Einsatz von Internet, Telefon, Brief, Fax ohne persönlichen Kontakt zwischen Kunde und gewerblichem Verkäufer zustande kommt, hat der Kunde ein Widerrufsrecht. Dieses Widerrufsrecht läuft mindestens 2 Wochen und beginnt bei der Lieferung von Waren, nicht am Tag des Wareneingangs beim Empfänger. Sofern der Unternehmer den Verbraucher über das bestehende Widerrufsrecht nicht bzw. nicht richtig unterrichtet, läuft die Widerrufsfrist sogar 6 Monate.

Der Widerruf wird ausgeübt, indem die empfangenen Waren an den Verkäufer zurückgesendet werden. Der Verkäufer muss dann den Kaufpreis zurückzahlen. Liegt der Warenwert über 40 €, muss der Händler sogar alle Porto Kosten ertatten.

Checkliste Traktorkauf

- Ölstände an Achsen , Getriebe, Hydraulik, hydraulischer Kupplung und Lenkung prüfen
- Kraftstoff prüfen, eventuell erneuern.
- Kraftstofffilter ersetzen.
- Einspritzpumpe entlüften.
- Von Hand die Kraftstoffpumpe betätigen bis Einspritzung hörbar ist.
- Regelstange der Einspritzpumpe auf Leichtgängigkeit prüfen.
- Reglergestänge auf Funktion prüfen.
- Geladene Batterie einsetzen.
- Prüfen, ob die Kupplung trennt.
- Fuß und Handbremse im Stehen prüfen.
- Anlasser in Stoppstellung der Einspritzpumpe betätigen und durchdrehen lassen bis Öldruck vorhanden ist, Zeiger des Öldruckmanometers hebt ab oder Öldruckkontrolllampe geht aus.
- Bevor wir den Motor starten, nehmen wir einen Gabelschlüssel mit der Schlüsselweite der Überwurfmuttern an den Einspritzleitungen zur Hand. Falls der Motor überdreht (kann bei defekter Regelung der Einspritzpumpe nach langem Stehen auftreten), öffnen wir diese Überwurfmuttern an den Einspritzleitungen ca. eine Umdrehung und schon fällt die Drehzahl ab.
- Der Motor läuft, wir legen einen kleinen Gang ein und testen die Funktion der Bremsen.
- Lassen sich alle Gänge schalten, so hören wir besonders auf Geräusche an Motor, Getriebe und Achsen.

Wichtig! Nie durch neue Lackierung am Kaufobjekt blenden lassen. Alle festgestellten Mängel notieren, bei Unsicherheiten einen erfahren Mechaniker oder Oldtimerkollegen bemühen.

PORSCHE
133

Wir restaurieren einen Schlepper

Es ist schon ein Abenteuer, alte Technik zu zerlegen und zu überholen. Nach 8 Stunden Büroarbeit am PC ist es erholsam, ja sogar entspannend, sich mit etwas ganz Anderem auseinanderzusetzen und dabei abzuschalten. Natürlich ist ein gewisses technisches Grundverständnis förderlich, jedoch nicht zwingend notwendig. Genügend Platz, eine feste Werkbank, stabiles Werkzeug und die Freude, etwas zu schaffen, und das ganz ohne Zeitdruck, sind die Grundlagen für dieses schöne Hobby.

Desolater Porsche-Diesel auf der Fahrt zur Waschplatte

Die Entscheidung ist gefallen, eine Totalrestauration steht an. Dazu wird der Schlepper in all seine Einzelteile zerlegt. Alle Einzelteile werden einer genauen Prüfung unterzogen, wenn nötig repariert oder ausgetauscht, um danach den Schlepper wieder neu aufzubauen.

Zunächst macht es Sinn, erst alle Öle des Schleppers abzulassen und als Altöl korrekt zu entsorgen.
Danach muss man den Schlepper von Schmutz, altem Öl und Fett reinigen. Dies geschieht am besten mit einem Heißwasserreiniger (Dampfstrahler) über einer Waschplatte mit Ölabscheider. Dieser Heißwasserreinigung unterziehe ich das Restaurierungsobjekt aber erst dann, wenn es auch zeitnah in seine Einzelteile zerlegt werden kann.

Der Traktor wird nun in seine Baugruppen zerlegt 1. Alle Einzelteile entsprechend den Baugruppen sortieren und ablegen.

Motor

Zerlegen

Anlasser ausbauen, mechanische Kupplung abschrauben, an der hydraulischen Kupplung Schrauben entfernen, Lagerdeckel mit Läuferrad und Kupplungsnabe abdrücken, am Schwungrad die Sicherungsbleche aufbiegen, Schrauben entfernen und Schwungmasse vorsichtig abziehen. Gebläse- und Luftführungsgehäuse mit Lichtmaschine ausbauen, Lüftungsbleche, Dieselleitungen und Einspritzleitungen demontieren, Auspuffkrümmer abflanschen. Die Zylinderköpfe dürfen nur in kaltem Zustand abgenommen werden. Dazu die beiden Verschlussschrauben in der Kipphebelschale entfernen, dann die 4 Zylinderkopfschrauben stufen- und kreuzweise herausschrauben. Stößelstangen und Stößelrohre entfernen. Die Zylinderbüchsen nach oben ziehen und vorsichtig ablegen. Kolben und Pleuel nach oben ausbauen, hierzu die Pleuelschrauben von oben in OT-Stellung entfernen, Pleueldeckel festhalten und durch seitliches Schauloch entnehmen, sodann Pleueldeckel mit Lagerschalen in ausgebautem Zustand und unverdrehter Lage von Hand zusammenschrauben, zeichnen und vorsichtig auf weicher Unterlage ablegen.

Demontage anhand vieler Bilder

Der Fachmann rät:
Erstellen Sie während der Demontage Digitalbilder. Geizen Sie nicht, fotografieren Sie immer aus allen Perspektiven mehrere Bilder, denn diese Aufnahmen erleichtern Ihnen nach Wochen den Zusammenbau.

Vorderen Motordeckel abschrauben. Ölpumpenantriebsrad abziehen und Ölleitungen abschrauben. Ölpumpe herausnehmen, Nockenwellen- und Kurbelwellenrad abziehen. Hydraulikölpumpe ausbauen. Kurbelwelle ausbauen, dazu die Lagerschrauben an der Gehäuseunterseite herausschrauben, das hintere Kurbelwellenlager lösen und das vordere ausbauen.

Anschließend Motorblock auf Gehäuseflansch getriebeseitig **2** kippen und Kurbelwelle nach oben herausnehmen. Lager, Lagerschalen und Gegengewicht unverwechselbar kennzeichnen und mit Gegenstück signieren. Zum Ausbau der Nockenwelle (bei neueren Motoren Drehzahlmesserantrieb vorab ausbauen) die Ventilstößel anheben und

Abgeflanschten Motor zur Überholung zerlegen

Mechanisches Entlacken und Entrosten des Motorblockes.

mit Federklammer oben halten. Verschlussdeckel am hinteren Lager abnehmen, Sicherungsblech aufbiegen, Schraube lösen und Welle nach Abnahme des vorderen Lagerflansches mit Aludorn nach vorne austreiben.

Reinigen aller Motorenteile

Enge Stelle mittels Bürstenstift und Bohrmaschine säubern.

Da der Motorenblock nicht sandgestrahlt werden darf, unterziehen wir den Motorenblock einer mechanischen Entlackung 3 und Reinigung 4 + 5. Hervorragende Ergebnisse lassen sich mit einer Nylongewebescheibe erzielen (z. B. von Firma Würth).
Alle Blechteile werden gereinigt und gestrahlt.

Flächenreingung mit der Nylongewebescheibe.

Alle anderen Motorenteile werden von Ruß und Schmutz befreit, mit Kaltreiniger gewaschen und abgetrocknet. Bereits beim Ablegen der Teile achten wir auf die verschieden Baugruppen und sortieren entsprechend vor 6.

Kurbelwelle mit Haupt- und Pleuellager

Gewaschene und vorsortierte Motorenteile auf einem Tuch abgelegt.

Nach dem Reinigen die Laufflächen der Kurbelwelle und alle Haupt- und Pleuellager auf Verschleiß und Schäden prüfen. Bei fehlendem Werkzeug zum Feststellen der Verschleißgrenzen sowie bei Schäden einen autorisierten Motoreninstandsetzer zu Rate ziehen, wenn nötig schleifen und neu lagern. Vor dem Einbau der Kurbelwelle werden auf diese das geteilte hintere und die mittleren Hauptlager montiert.

Darauf achten, dass Hauptlager und Lagerschalen 8 an der zuvor gekennzeichneten Stelle wieder montiert sind. Auf Signierungen des

7

Montiertes hinteres Hauptlager mit Einführungsstiften.

8

Kurbelwelle mit vormontierten Hauptlagern.

9

Gegengewicht mit Befestigungsschrauben und neuen Federringen.

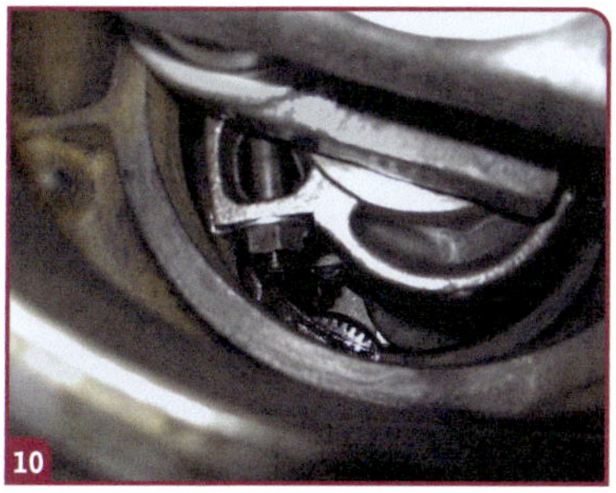
10

Eingeführte Kurbelwelle mit Sicht auf Aussparung am Lagerdeckel hinten und sichtbarem Antriebsrad Nockenwelle / Hydraulikpumpe.

Motoreninstandsetzers achten. Anzugsmomente der Lagerdeckel 7 80 +/- 5 Nm. Anzugsmomente der Gegengewichte 9 100 +/- 5 Nm. Gegengewichte an gekennzeichneter Stelle anschrauben, auf saubere plane Flächen achten, Passring einsetzen und festziehen.

Kurbelwelle einfahren, hinteres Hauptlager von hinten, mittleres Hauptlager von unten anschrauben. Vorderes Hauptlager einführen und anschrauben. Dabei darauf achten, dass die Ölbohrungen der Lager mit den Ölkanälen im Gehäuse fluchten. Längsspiel prüfen, soll 0,1 mm bis 0,2 mm betragen. 9 Anzugsmomente der Lagerdeckel hinten und vorne 45 +/- 5 Nm.

Eingeführte Kurbelwelle mit Sicht auf Aussparung am Lagerdeckel hinten und sichtbarem Antriebsrad Nockenwelle / Hydraulikpumpe.

Kolben, Pleuel und Laufbuchsen

Die Kolben müssen nach den eingearbeiteten, unterschiedlich großen Ventiltaschen montiert werden. Der Pfeil auf dem Kolbenboden muss in Fahrtrichtung des Schleppers zeigen. Die Kolbenringe müssen in ihrer Nut widerstandslos zu verdrehen sein. Bei bereits gelaufenen Kolben ist es notwendig, die Ringnuten vor dem Einsetzen neuer Kolbenringe zu säubern. Neue Kolbenringe beim Einsetzen so verdrehen, dass die Ringstöße nicht übereinander und vor allem nicht in der Kolbenbolzenebene liegen. Bei orientierten Ringen muss das Topp-Zeichen

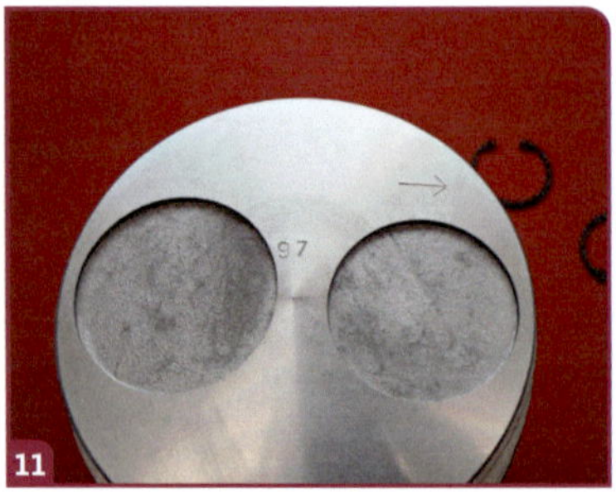

11 Kolben mit Ventiltasche und Richtungspfeil.

nach oben zeigen. Parallelität der Pleuelbohrungen prüfen (Motoreninstandsetzer). Vor der Montage des Kolbenbolzens den vorderen Sicherungsring in den Kolben einsetzen und Kolbenbolzen von der entgegengesetzten Seite aus einschieben. Hierzu Kolben auf ca. 80 – 90 °C erwärmen. Einen Helfer hinzuzuziehen, dann den Kolbenbolzen unter leichtem Druck mit dem Handballen in den Kolben und die Pleuelbuchse einschieben. Zweiten Sicherungsring einsetzen.

Achtung:
Nur bei schräg geteiltem Pleuel den Kolben vor dem Pleueleinbau montieren.

Pleuel mit neuen Schrauben einbauen. Dazu die Übereinstimmung der Markierungen an der Teilung des Pleuels prüfen. Lagerflächen säubern und ölen, Pleuel einsetzen und im gleichmäßigen Wechsel anziehen 12 .

12 Pleuelschrauben von oben anziehen an gerade geteiltem Pleuel.

Anzugsmomente der Pleuelschrauben 65 +/- 5 Nm. Axialspiel des Pleuels auf der Kurbelwelle 0,4 mm bis 0,5 mm. Pleuelschrauben sichern. Dazu mit einem langen Halbrundstemmer oder mit einem rund geschliffenen Meißel 13 Schraubenrand in die vorgegebene Kerbe stauchen.

Ganz wichtig:
Pleuelschrauben nur einmal verwenden!

13 Pleuelschrauben mit Halbrundstemmen sichern.

Bevor wir die Laufbuchsen (Zylinder) montieren, werden alle Sitzflachen von Laufbuchse und Motorenblock gereinigt. Nur Laufbuchsen mit stirnseitig gut erhaltenen Anpressrillen 14 verwenden, nötigenfalls Rilleneinstiche vom Motoreninstandsetzer nacharbeiten lassen.

Mit Hilfe eines selbst gefertigten Spannbandes (Kolbenringspannband) 15 wird die Laufbuchse mit eingeölter Lauffläche vorsichtig mit dem Handballen über den Kolben gedrückt. Die Zylinder müssen so eingebaut werden, dass die beiden Ausnehmungen im Zylinderfuß für den Pleuelfreigang in der Lau-

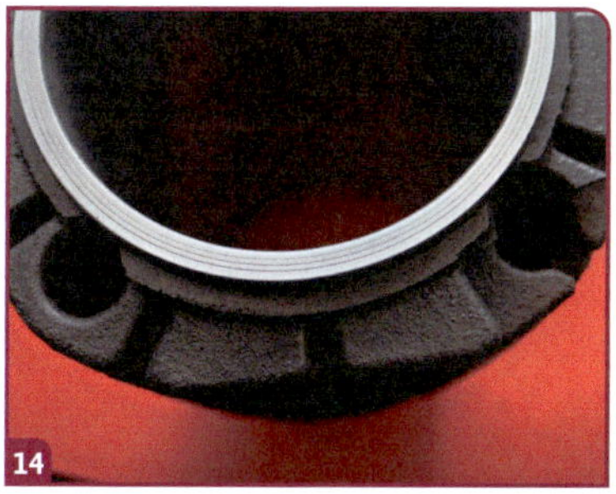
Nachgearbeitete geplante Anpressfläche mit 3 Rilleneinstichen.

Kolbenringband hält die Kolbenringe in der Nut und lässt die Laufbuchse beim Einbau leicht mit dem Handballen nach unten schieben.

Ventilstößel Bohrungen reinigen und mit Pressluft Durchgang prüfen.

Wichtig:
Auf die Lage der Öleintrittsbohrung und Ölschmiertasche im Lagerdeckel achten, Lagerdeckel lässt sich auch 180 ° verdreht montieren.

Vorderes Nockenwellenlager.

febene des Kurbeltriebes liegen.

Nockenwelle

Sie wird als erstes in den leeren Motorblock eingebaut. Ventilstößel gut geölt einsetzen und mit Klemmfederbügel oben halten, jedoch zuvor Ölbohrung 16 im Ventilstößel auf Durchgang prüfen.

Darauf achten, dass die Stößel sich saugend in den Bohrungen bewegen lassen. Antriebsrad für Hydraulikpumpe in Gehäuse einlegen und halten, Nockenwelle von vorne in das Gehäuse einführen und Antriebsrad der Hydraulikpumpe aufstecken. Rillenlager von hinten aufschieben und Nockenwelle mit Sicherungsblech und Sechskantsmutter sichern. Hinteren Anschlussdeckel mit Dichtung anschrauben. Vorderen Lagerdeckel der Nockenwelle anbringen 17. Längsspiel der Nockenwelle soll 0,2 mm bis 0,3 mm betragen.

Nockenwellenrad mit Passfedern einsetzen, Sechskantmutter festziehen und Sicherungsblech an Mutter und Nockenwellenrad anlegen. Markierungen zum Kurbelwellenrad beachten.

Körnermarkierungen an Kurbelwellen- und Nockenwellenrad beachten.

Drei überholte leere Zylinderköpfe.

Zapfensenker im Einsatz.

Bürstenstift mit Schleifvlies fertigen eine feine saubere Dichtfläche.

Zylinderköpfe

Zylinderköpfe auf Risse und Verschleiß prüfen. Alle drei Köpfe sind gerissen, die Ventilführungen liegen außerhalb des Toleranzbereiches, die Ventilsitze sind sehr tief eingelaufen, die 8 Ventile sind messerscharf. Die Zylinderköpfe 19 werden vom Motoreninstandsetzer geschweißt, es werden neue Ventilführungen eingepresst und neue Ventilsitzringe eingeschrumpft. Danach werden die Köpfe plan gedreht.

Die neuen Ventile werden zu den Ventilsitzen eingeschliffen. Drei verschiedene Schleifpasten, grob mittel und fein, lassen die Ventile erst ganz dicht werden. Nach dem Schleifvorgang Köpfe und Ventile und Ventilführungen sauber von den Schleifmitteln reinigen. Nun die Kipphebelschalen für den Zusammenbau vorbereiten. Dichtflächen der Befestigungsmuttern mit einem Zapfenfräser nacharbeiten, 20 + 22 bis eine saubere ebene Fläche vorhanden ist. Dazu das Teil fest auf den Maschinentisch spannen.

Die Dichtflächen der O-Ringe innerhalb und außerhalb der Kipphebelschale mit einem feinen Schleifvlies, unter einen Bürstenstift gelegt, 21 + 22 vorsichtig maschinell nacharbeiten.

Kipphebelschalen mit den Dichtringen montieren, handfest anziehen. Ventile im Zylinderkopf 23 einsetzen, Rundschnurringe, Unterlagscheiben, innere und äußere Ventilfedern, Ventilfederteller und Ventilkeilhälften einsetzen.

Überarbeitete Dichtfläche an der Kipphebelschale

Kipphebelschalen festziehen, und vor Anbau der Zylinderköpfe prüfen, ob die Ventilsitze dicht sind. Stößelrohre mit oberen Rundschnurringen, vorgespannten Druckfedern, Unterlegscheiben und unteren Rundschnurringen in genannter Reihenfolge einsetzen 24.

Werkzeug für die Ständerbohrmaschine zum Einsetzen der Ventilkeilhälften

Zylinderköpfe aufsetzen, Zylinderkopfmuttern leicht anziehen, mit einem Lineal oder einem geraden blanken Flachstahl am Ansaugflansch die Zylinderköpfe zueinander ausrichten. Mit Graphit gefettete Zylinderkopfmuttern mit Drehmomentschlüssel stufen- und kreuzweise auf 65 Nm +/- 5 Nm anziehen. An Stößelstangen mit Pressluft Durchgang prüfen, Stößelstangen einsetzen.
Spaltmaß einstellen, Spaltmaß ist der Abstand zwischen Oberkante Kolben im OT und der Zylinder (Laufbuchsen) Oberkante. Das Spaltmaß beträgt je nach Typ (siehe Tabelle Technische Daten) zum Beispiel 0,85 mm bis 1,00 mm. Mit einer Flachstahlbrücke, 25 die wir über die Laufbuchse legen und mit den Stehbolzen des Zylinderkopfes leicht anziehen, kann mit einer Fühlerlehre das Spaltmaß gemessen werden. Ausgeglichen werden die Unterschiede mit Distanzscheiben zwischen Motorenblock und Laufbuchsenfuß.

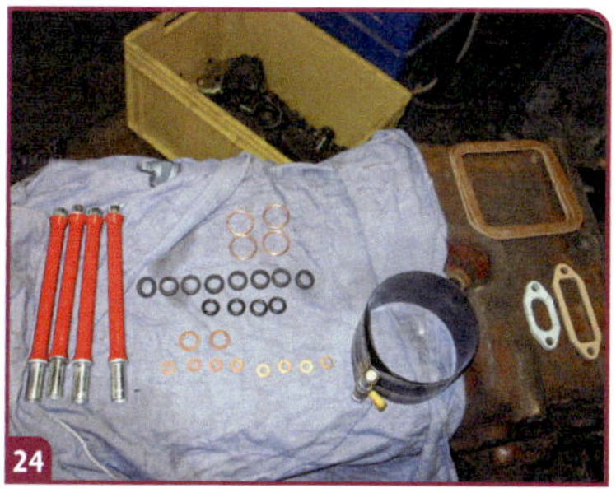

Stößelrohre, Enden mit einem feinen Schleifvlies bearbeitet, damit diese zusammen mit dem O-Ring kein Öl austreten lassen.

Aufgeschraubte Flachstahlbrücke und Fühlerlehre zum Spaltmaß messen

Einspritzpumpe

Vor dem Einbau einer Einspritzpumpe diese prüfen und einstellen lassen, denn die Pumpenelemente müssen zu einander passen. Immer alle Pumpen, die für einen Motor benötigt werden, zusammen prüfen und einstellen lassen. Der Hintergrund ist, dass alle alten Pumpenelemente die Steuerkante unten haben. Auf dem Ersatzteilweg gibt es nur noch Pumpenelemente mit oben liegender Steuerkante, die nicht zusammen mit alten Elementen verbaut werden dürfen.

Einspritzpumpen einbauen und Förderbeginn einstellen

Der Kraftstoff des Dieselmotors muss kurz vor OT eingespritzt werden. Dadurch haben die Kraftstoffteilchen Zeit, sich mit der im Brennraum befindlichen Luft zu mischen und ein brennfähiges Kraftstoff-Luft-Gemisch zu bilden. In dieser Zeit dreht sich die Kurbelwelle weiter und steht dann auf Zünd OT, wenn das Gasgemisch zu explodieren beginnt. Der entstehende Verbrennungsdruck wirkt auf den Kolben und bewegt den Motor. Es gibt mehrere Möglichkeiten, um den Zeitpunkt des Förderbeginns zu kontrollieren. Wir wenden uns der Überlaufmethode zu und prüfen mit einem selbst gebauten Tropfrohr. Das Tropfrohr, wie es auf der Abbildung 26 zu sehen ist, kann man aus einer Einspritzleitung selbst herstellen. Man sägt sie etwa 10 cm lang ab, biegt und feilt sie nach der Abbildung. Der FB ist ein Wert, welcher in Kurbelgrad vor OT, in Kolbenweg vor OT oder über eine Markierung auf der Schwungscheibe und dem Motorengehäuse angegeben wird 27.

Tropfrohr

Markierungen

Achtung: Beim Einbau der Pumpe muss die Grobeinstellung durch Höhenmessung des Stößels erfolgen 28. Die Messung erfolgt bei Grundeinstellung des Pumpenstößels. Hierfür 180° über O.T. Kompression hinwegdrehen. Das Maß (siehe Tabelle Technische Daten) z.B. beträgt 3,2 +/- 0,4 mm, Einstellung erfolgt durch Verdrehen der Stößelschrauben, +/- Begrenzung genau einhalten.
Die Feineinstellung erfolgt über das Überlaufverfahren. Das Druck- und Entlastungsventil muss dabei ausgebaut werden 29. Tropfrohr anschließen und Kraftstoff nachfließen lassen. Reglerstange an der Einspritzpumpe auf Vollgasfahrt stellen, siehe Tabelle, z.B. 12 mm, Reglerbegrenzung nicht hochstellen. Motor in Drehrichtung ganz langsam drehen, bis der letzte Tropfen am Tropfrohr hängen bleibt 30.

Maßkontrolle mit Tiefenmaß

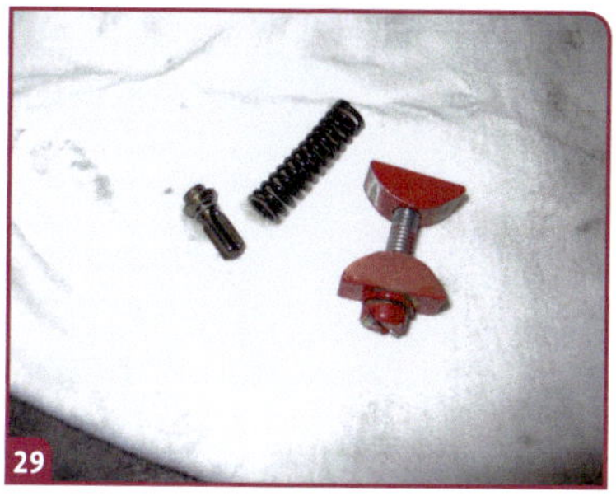

Druckventil

Einspritzpumpe mit Tropfrohr

Nochmalige Überprüfung des Förderbeginnns

Dann muss FB-Markierung auf der Schwungscheibe im Schauloch mit der Markierung am Gehäuse übereinstimmen 27 + 30.

Falls der Motor kein Schauloch hat, befindet sich die Markierung im Anlasserflansch, Anlasser abnehmen. Bei Differenzen Pumpe nochmals abbauen und Differenz durch Verstellen des Stößels ausgleichen. Dabei +/- 0,4 mm Begrenzung nicht überschreiten. 0,1 mm Verstellung der Stößeleinstellschraube entspricht 4,76 mm Weg am Schwungradumfang. Wird die Schraube nach rechts gedreht, wird das Grobeinstellmaß größer; nach links gedreht, kleiner. Gegenmutter wieder gut festziehen.

Überlaufkontrolle 27 + 30 + 31 in jedem Fall, auch bei sofortiger richtiger Stellung, mehrmals wiederholen.

Einspritzdüsen prüfen, erneuern und einstellen

Ausbau des Düsenhalters

Mit Druckluft den Zylinderkopf rund um die Düsenhalter samt Dieselleitungen säubern 33.

Danach Putzlappen unter die Kraftstoffleitungen der Einspritzpumpe legen, um den beim Lösen der Schrauben austretenden Kraftstoff zu binden. Eine saubere Ablage für die demontierten Teile mit Papierhandtüchern vorbereiten. Danach die Überwurfmuttern an den Einspritzdüsen lösen und die Einspritzleitungen abnehmen. Die Einspritzleitungen auf dem sauberen Papierhandtuch ablegen. Die Leckölleitung an den Düsenhaltern abschrauben. Nachdem nun der Zugang zu den Düsenhaltern

Ganz wichtig: Motor immer nur in Drehrichtung drehen.

frei ist, können diese gelöst, vorsichtig ausgeschraubt und auf den vorbereiten Papiertüchern 34 abgelegt werden.

Reinigen des Düsenhalters
Zugangsbohrungen mit Kunststoffdeckeln 35 verschließen und den Düsenhalter mit einer Messingbürste reinigen 36. Darauf achten, dass nicht über Düsenkörper und Düsennadel gebürstet wird. Es empfiehlt sich, diese hochsensiblen Teile abzudecken.

32 Bernhard Köser beim Prüfen einer Einspritzdüse

Wichtig: Motor immer nur in Drehrichtung drehen.

Druckprüfung und Spritzstrahlprüfung
Die sauber gereinigten Düsenhalter an das Düsenprüfgerät 32 schrauben, den genauen Öffnungsdruck nachprüfen und den Einspritzstrahl kontrollieren. Auf keinen Fall darf eine Einspritzdüse nachtropfen. Das Nachtropfen führt dazu, dass der Kraftstoff zum falschen Zeitpunkt unkontrolliert verbrennt. Insbesondere bei Vorkammer- oder Wirbelkammermotoren hat dies fatale Folgen. Der Zylinderkopf kann punktuell überhitzen, was zu Rissen am Zylinderkopf und somit zu dessen Zerstörung führen wird.

33 Einspritzdüsen vor der Reparatur in eingebautem Zustand

Reinigen der Einspritzdüse
Das Innere des Düsenkörpers kann mit einem Holzstäbchen und Dieselkraftstoff, die Düsennadel mit einem sauberen Lappen gereinigt werden. Bei verkoktem Profil der Düsennadel kann man diese in die Drehbank spannen und die verkokten Teile mit einem in Öl getauchten Hartholzstab reinigen. Schmirgel, Dreikantschaber oder Ähnliches darf auf keinen Fall dazu verwendet werden. Damit Korrosion vermieden wird, sollen die geläppten Flächen der Düsennadel nicht mit bloßen Fingern angefasst werden.

Also bitte: Die Düsennadel nur an ihrem Druckzapfen anfassen!

Auf vorbereiteten Papiertüchern abgelegte Einspritzdüse und Einspritzleitung

Mit Kunststoffschutzkappen versehene Einspritzdüse

Düsenhalter wird mit Messingbürste von Verkrustungen gereinigt

Düsenhalter am Druckprüfgerät

Unbrauchbar gewordene Düsen können nur gegen neue ersetzt werden. Vor nichtsachgemäßer Instandsetzung mit ungeeigneten Mitteln muss dringend gewarnt werden. In der Regel wird dabei übersehen, dass das Nadelspiel zu groß geworden ist, wenn die Düse längere Zeit in Betrieb war und dass nach dem Wiedereinschleifen der Nadelhub größer wird. Die Folgen sind übermäßige Lecköl-Verluste und Abweichungen des Einspritzstrahls. Die Motorleistung sinkt und der Verbrauch wird größer. Wiedereinbau der neuen Düse siehe unter „Auswechseln".

Auswechseln der Druckfeder
Beim Zerlegen des Düsenhalters muss auf größte Sauberkeit des Arbeitsplatzes und der Werkzeuge geachtet werden. Verschlusskappe und Schraubverschluss abnehmen, alte Druckfeder und Druckbolzen herausnehmen, alle Teile gründlich ausspülen und gegebenenfalls Stahlsplitter entfernen, anschließend Düsenhalter und Düse mit neuer Druckfeder wieder zusammenbauen. Düsen-Öffnungsdruck auf Prüfstand auf vorgeschriebenes Maß einstellen 37, je nach Düsenhalter-Ausführung, entweder mit Einstellschraube oder durch Einlegen von Stahlplättchen.

38 Druckanzeige

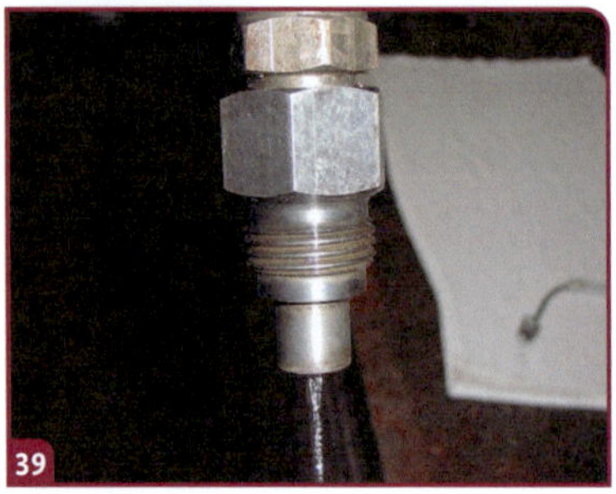

39 Strahlform einer defekten Einspritzdüse

40 Düsenkörper und Düsennadel

Wichtig:
Düsenkörper und Düsennadel sind aufeinander eingeläppt. Jede Düsennadel hat daher nur einen einzigen zu ihr passenden Düsenkörper und umgekehrt. Es können also weder die Nadel noch der Körper für sich allein, sondern stets nur beide zusammen ausgetauscht werden.

Auswechseln der Einspritzdüsen
Nach Abschrauben der Überwurfmutter kann die Düse herausgenommen und ausgewechselt werden. Das Innere des Düsenhalters sorgfältig reinigen ohne die Dichtflächen zu beschädigen. Die Düsen werden eingefettet oder eingeölt vom Handel geliefert.
Vor dem Einbau in sauberem Dieselkraftstoff auswaschen.
Auf größte Sauberkeit des Arbeitsplatzes ist unbedingt zu achten 40! Körper und Nadel einzeln in gefilterten Dieselkraftstoff tauchen und Gleitfähigkeit prüfen: die halb aus dem Düsenkörper (am Druckzapfen) gezogene Düsennadel muss – losgelassen – durch ihre Eigengewicht auf ihren Sitz zurücksinken (Fallprobe).
Beim Zusammenbau Düse zentrisch, nicht einseitig auf den Düsenhalter aufsetzen und Überwurfmutter zunächst von Hand, weiter womöglich nur mit einem Drehmoment-Schlüssel (60 bis 80 Nm für Düsengröße S) anziehen. Es ist darauf zu achten, dass die geschliffenen Dichtungsflächen von Düse und Düsenhalter tadellos sauber und nicht beschädigt sind; außerdem auch darauf, dass anstelle des alten Dichtrings (zwischen Überwurfmutter und Zylinderkopf) stets ein neuer, passender Dichtring verwendet wird.

Prüfen und Einstellen des Düsen-Öffnungsdrucks (Einstelldruck)
Muss der Öffnungsdruck einer Düse (im Motorenhandbuch angegeben) geprüft oder neu eingestellt werden, so kann dies nur auf einem Düsenprüfgerät geschehen. Diese Prüfvorrichtungen gestatten die genaue Nachprüfung und Einstellung des Öffnungsdrucks und die Beobachtung der Strahlform bei ausgebautem Düsenkörper 39 + 41.

Druckkorrekturen erfolgen mittels Einlegen (Druckerhöhung) oder durch Ausnehmen einer Einstellscheibe 42.

41 Stahlform nach korrekt eingestelltem Abspritzdruck

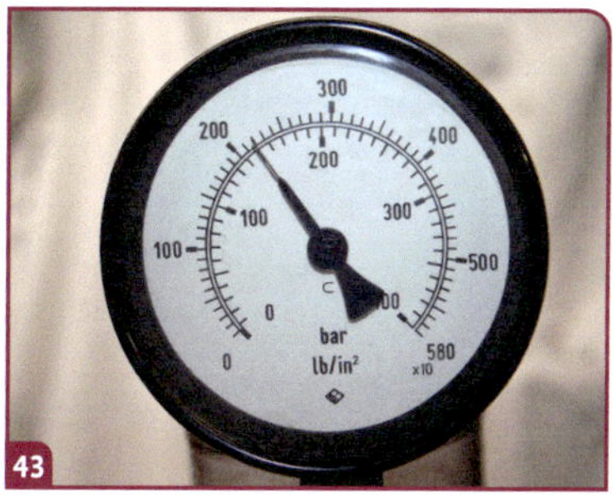

43 Abspritzdruck, abgelesen ca. 150 bar

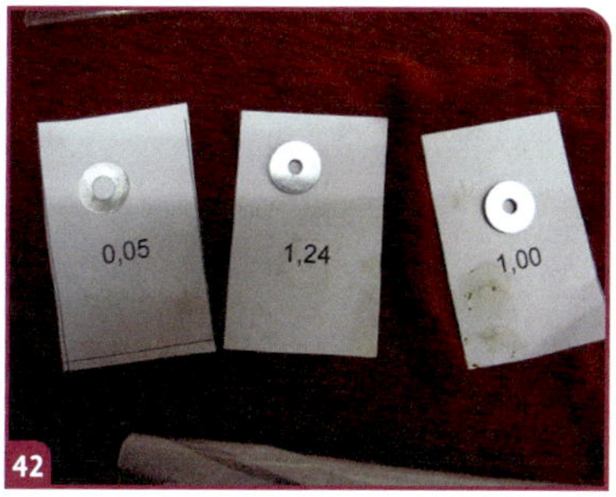

42 Einstellscheiben

Als Faustformel kann zum Herantasten an den Einstellwert angenommen werden, dass jeder 1/10 Millimeter eine Druckveränderung von ca. 10 bar mit sich bringt. Die Einstellscheiben sind im Raster von 5/100 Millimeter im Handel erhältlich. Festziehen der Düsen-Überwurfmutter nur mit einen Drehmoment-Schlüssel, der einzustellen ist, bei

Düsengröße	**S**	**T**	**U**	**V**	**W**
auf Drehmoment Nm ca.	60	90	220	550	750

Die Drehmomente für das Anziehen der Überwurfmuttern der Druckleitungen sind bei Gewinde

M 12 x 1,5	30 bis 35 Nm
M 14 x 1,5	40 bis 45 Nm

Doch dabei ist eines absolut wichtig: Finger weg vom Einspritzstrahl 41! Der Kraftstoff wird mit solch hohem Druck und so fein verteilt verspritzt, dass er problemlos unter die Haut dringen kann. Da Diesel bekanntlich nicht zu den Heilmitteln gehört, kann dies zu schweren gesundheitlichen Schädigungen führen.

Pflege der Einspritzdüsen

Die Pflege der Einspritzdüsen erstreckt sich im Wesentlichen auf vorbeugende Maßnahmen gegen vorzeitigen Verschleiß der Düsen. Die Abnützung der Düse wird in erster Linie von Verunreinigungen im Kraftstoff herbeigeführt. Der handelsübliche Diesel-Kraftstoff ist häufig durch Staub, Sand und Wasser verunreinigt. Dadurch werden die mit höchster Genauigkeit bearbeiteten Lauf- und Sitzflächen der Einspritzdüse sehr gefährdet. Der Kraftstoff muss daher, bevor er zur

Einspritzpumpe gelangt, so gut wie nur irgend möglich gereinigt werden. Das geschieht im Allgemeinen mit einem Kraftstofffilter, den der Schlepperhersteller serienmäßig einbaut. Solange der Kraftstofffilter einwandfrei arbeitet, besteht keine Gefahr. Nun kommt es aber leider immer wieder vor, dass ohne Filter-Einsatz gefahren wird, nämlich dann, wenn der Einsatz verschmutzt und ein neuer nicht zur Hand ist. In solchen Fällen genügen oft schon wenige Stunden, die die Düsen (und die Einspritzpumpe) vollständig unbrauchbar machen können.

Ventile einstellen nur bei kaltem Motor!
Einstelldaten (siehe Tabelle Technische Daten) z. B. 0,25 mm für Ein- und Auslassventil. Die Drehrichtung bei allen Porsche-Diesel-Motoren ist in Fahrtrichtung links. Motor immer in Drehrichtung weiterdrehen. Zylinder 1 befindet sich immer kupplungsseitig. Gedreht wird von Hand mit einem Schraubendreher durch die Öffnungen am Gehäuse auf die Schwungmasse oder mit einem Profilschlüssel über die Motorzapfwelle. Zuerst Zylinderkopfhaube abnehmen, Motor auf OT Kompression einstellen, Schwungradzeichen OT auf Markierung am Gehäuse, so sind beide Ventile geschlossen und können eingestellt werden. Bei Ventilüberschneidung nochmals eine ganze Umdrehung den Motor durchdrehen. Nun die Gegenmutter lösen, Einstellschraube verstellen, bis sich die Fühlerlehre zwischen Ventil und Einstellschraube mit leicht spürbarem Widerstand hin und her bewegen lässt. Mit Schraubendreher die Einstellschraube festhalten, Gegenmutter anziehen. Nach dem Festziehen nochmalige Kontrolle mit der Fühlerlehre, muss sich leicht bewegen lassen, jedoch der Kipphebel darf kein Spiel mehr haben. Motor mit offener Zylinderkopfhaube starten, um zu sehen, ob Öl nach oben zu den Kipphebeln gefördert wird (kann 1–2 Minuten dauern). Nur die vordere Stößelstange fördert Öl nach oben. Kommt kein Öl, Stößelstange öffnen, reinigen und eventuell neuen Holzstab einsetzen. Zylinderkopfhaube (Ventildeckel) mit neuer Dichtung aufsetzen und gefühlvoll festziehen.

Nie ohne Kraftstofffilter!
Füllen Sie nur sauberen Kraftstoff in den Tank ein. Bringen Sie beim Betanken keinen Schmutz in den Kraftstofftank ein. Es ist wesentlich wirtschaftlicher, den Kraftstoff schon möglichst sauber in den Tank einzufüllen; hierdurch wird der Filter erheblich entlastet und die Einsätze haben eine viel längere Lebensdauer.

Motorendeckel, Regler und Gebläse

Flanschplatte und Fliehgewichte auf Kurbelwellenrad montieren. Regelstift einführen, Überstand des Regelstiftes soll bei geschlossenem Regler (siehe Tabelle Technische Daten) z. B. 3,5 mm +/- 0,1 mm betragen. Lagerbock für Reglerwelle an den Motorendeckel innen anschrauben, Auflagefläche mit RTV Dichtsilikon bestreichen, Schrauben mit RTV Dichtsilikon einsetzen. Kugel einlegen, kleinen Reglerhebel auf Regelwelle schieben und mit Schwerspannstift sichern, Regelwelle dann in Lagerbock am vorderen Motordeckel einführen und mit Schwerspannstift arretieren. (Immer nur mit neuen Schwerspannstiften montieren).

Ganz wichtig:
Der kleine Reglerhebel muss so eingebaut werden, dass die bearbeitete Fläche am Reglerstift zur Anlage kommt. Bei Nichtbeachten ist der Regler ohne Funktion und der Motor überdreht.

Bevor der Simmerring der Regelstange einbaut wird, Regelstange auf leichten Lauf überprüfen. Regelstange ölen und Simmerring einsetzen, Klemmhebel auf Regelstange aufsetzen. Vor dem Anschrauben des Motorendeckels das Längsspiel der Antriebswelle für Lüfterrad prüfen. Das Längsspiel soll 0,3mm bis 0,6mm betragen und ist mit Distanzscheiben auf das erforderliche Maß zu korrigieren. Die beiden Kugellager für die Antriebswelle in Motorengehäuse und in den Motorendeckel einbauen. Antriebswelle Lüfterrad in den Motorendeckel einsetzen. Motorendeckel mit Dichtung oder mit RTV Dichtsilikon montieren. Zahnflankenspiel des Gebläseantriebsrades an verschiedenen Stellen kontrollieren, dann die Befestigungsschrauben des Motorendeckels festziehen. Nun die Grundeinstellung des Reglers wie folgt vornehmen:

- Verdrehen der Reglerwelle bis Fliehkraftgewicht schließt (Innerer Anschlag zur Motorseite hingewandt).
- Regelstange der Einspritzpumpe auf Startmenge durchdrücken (mindestens 19 mm)
- Klemmhebel auf Reglerwelle festziehen.
- Motordrehzahl (siehe Tabelle Technische Daten) z. B. hoher Leerlauf 2200 nur durch Verändern der Regelfederspannung einstellen, d. h. durch Verstellen der Anschlagschraube an der Hebelwelle zum Gaspedal.

Das Entnehmen der Vorgelegewelle aus dem Getriebeblock.

Schaltgetriebe Porsche-Diesel Fünfganggetriebe

Laute Geräusche im Schaltgetriebe, Lecktagen an Zapfwelle, Achsträgern und an den Portalachsen? Der Autor zeigt anhand von Text und Bildern das Zerlegen, das Auswechseln defekter Lager und das neue Abdichten am Fünfgang-Porsche-Diesel-Schaltgetriebe.

Achtung!
Beim Anbau dieser Kettenaufnahmebeschläge ist darauf zu achten, dass die Öse für die Aufnahme der Ketten mit dem Bolzen im Aufnahmebeschlag in einer Achse liegt.

Bevor wir den Schlepper zerlegen, unterziehen wir diesen einer gründlichen und sorgfältigen Reinigung mit Hilfe eines Heißwassergerätes. Danach bereiten wir den Montageplatz vor und legen das zur Reparatur nötige Werkzeug bereit.

Zuerst wird die Dreipunktaufhängung abgebaut. Klappsplinte an Hubarmen für Kraftheber rechts und links und an den Zugstreben für Dreipunktgestänge rechts und links am Aufnahmebeschlag entfernen. Dreipunktaufhängung aus Bolzen herausnehmen. Kettenaufnahmebeschlag am Achsträger (Portalachse) rechts und links abschrauben. Splint für Bolzen zur Druckstrebe entfernen (Seitenschneider), Bolzen für Druckstrebe herausziehen, Druckstrebe abnehmen.

Mindestwerkzeugausstattung

- Ringschlüssel 10, 14, 17, 19, 24, 36 mm
- ½" Nuss 14, 17, 19, 24 mm,
- Verlängerung, kurz und lang
- Ratsche und Schlagschrauber
- Gabelringschlüssel 10, 17, 19 mm
- Schraubendreher
- Seitenschneider
- Seegerringzange
- 2 Montierhebel
- Hammer
- Stemmer
- Dorne
- Kupferdorn
- Kunststoffhammer
- Abzieher für Handbremsscheibe
- Abzieher für Differentialgetriebe
- Fach- und Dreikantschaber
- Schmirgelleinwand Korn 80
- Hydraulischer Stempelwagenheber

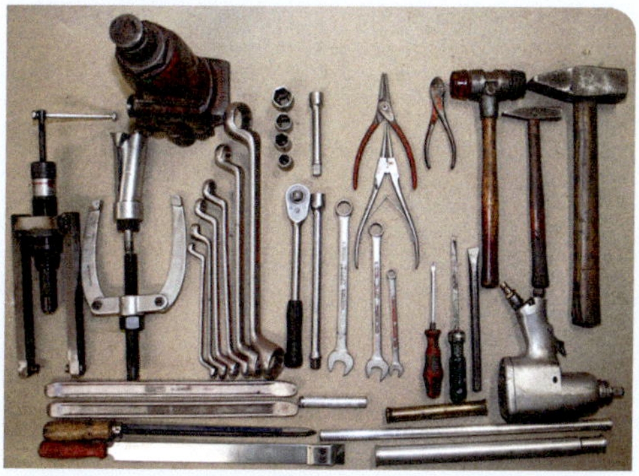

Hand- und Spezialwerkzeuge für die Arbeiten am Getriebe.

Anhängevorrichtung abbauen, Sechskantschrauben der Anhängevorrichtung abschrauben. Sechskantschrauben für die Befestigung der Schutzhaube der Zapfwelle an den Seitenstreben abschrauben. Senkschrauben der Seitenstrebe und der Längsstreben rechts und links losschrauben. Anhängevorrichtung abnehmen. Danach Schutzhaube und Schutzkappe für Zapfwelle abnehmen.
Kraftheber abbauen, dazu Befestigungsschrauben für Kupplungsmaul lösen und Befestigungsschrauben des Krafthebergehäuses lösen.

Achtung! Beim Zusammenbau der Seiten- und Längsstreben auf den Spannstift achten. Bei Beschädigung des Spannstiftes beim Zusammenbau erst den Spannstift wechseln oder zunächst Verschraubung festziehen, dann neuen Spannstift verbohren.

Wichtig! Zur Durchführung von Arbeiten an Getriebe und Differential braucht nur der rechte Achsträger abgenommen zu werden.

Hinterachse aus- und einbauen

Da wir den kompletten Antrieb neu abdichten, nehmen wir beide Achsträger ab. Wir gehen nun wie folgt vor:
Getriebegehäuse anheben und auf den Längsstreben der Anhängevorrichtung aufbocken. Ablassschrauben öffnen, Öl ablassen. Auch an beiden Achsträgern Öl ablassen. Beide Räder abnehmen. Am Bremsfußhebel und am Kupplungsfußhebel Sechskantmutter und Kugelmutter für Zugstange abschrauben. Sicherungsdraht für Stellschraube an Bremsfußhebel entfernen. Stellschraube im Bremsfußhebel lösen. Fußbremshebel nach vorne kippen und abnehmen. Befestigungsschrauben für Trittbrett vorne rechts und links lösen.

Intakter Spannsstift, der beim Festziehen das Verdrehen der Senkschraube verhindert.

1

Wichtig für den Zusammenbau!
Konische Beilagscheibe mit dünner Seite nach oben. Befestigungsschrauben für Trittbrett hinten lösen. Sicherungsdraht des Schalthebels der Zapfwelle entfernen. Stellschraube des Schalthebels für die Zapfwelle abschrauben. Trittbrett rechts mit Schalthebel abdrücken. Nun Vorgelege beidseitig abtreiben 2. Dazu Fachstahl auf die Radnabe schrauben und mit einem großen Hammer gleichmäßig Nabe mit Trichter abtreiben.

Auf die Radnabe geschraubtes Abtreibeisen zum Trennen der Gehäuse.

2

Abgetriebene Radnabe mit Vorgelege, bereits vom Achstrichter getrennt.

3

Mutter für Achsträger lösen. Achsträger auf der rechten Seite vom Getriebegehäuse mit Stempelwagenheber parallel abdrücken.

Stempelheber zwischen Getriebe und Achsträger. So kann der Achstrichter vom Vorgelege und der Achstrichter vom Getriebegehäuse gelöst und abgedrückt werden.

4

Beschädigungen vermeiden:
Beim Abdrücken des Achsträgers mit einem Stempelwagenheber darauf achten, dass Achsträger gleichmäßig aus dem Gehäuse kommt 4. Nicht mit Stahlhebeln zwischen die Dichtflächen fassen.

Abheben und Einführen der Achstrichter mit oder ohne Vorgelege ist auch mit einem Flaschenzug möglich.

Differential, Zapfwelle und Kupplungsteile abbauen

Schrauben an beiden Deckscheiben im Gehäuse für Hauptwelle und für Triebling unten entsichern. Schrauben für Deckscheiben im Gehäuse für Hauptwelle und Triebling unten ausschrauben 6.

5

Differentialgetriebe komplett aus Getriebegehäuse abziehen. Linken Achstrichter abschrauben.

Spannstift des Handbremshebels austreiben. Handbremsgehäuse abschrauben. Schutzhülse auf Triebling, Getriebezapfwelle abziehen. Spannstift der Bremsscheibe einzeln durchtreiben.

6

7

Präzises Ausziehen des kompletten Differenzialgetriebes mit einem Innenabzieher mit Stützbrücke.

Hydraulisches Abziehwerkzeug zum Abziehen festsitzender Handbremstrommeln.

Immer beachten: Spannstifte nacheinander austreiben, erst inneren Spannstift, dann äußeren. Schlitze beim Eintreiben der Spannstifte in Kraftrichtung stellen. Vor dem Abziehen der Bremsscheibe Nutteil des Trieblings prüfen. Bei evt. Beschädigungen der Nuten, auch bei Rost, mit Feile und mit Schmirgelleinwand zuvor egalisieren. Bremsscheiben abziehen (2 Montierhebel oder eigens dafür angefertigter Abzieher) 7.

Vorsichtig hantieren: Beim Abdrücken mit den Montierhebeln, Montierhebel voll flächig ansetzen, damit die Bremsscheibe am Rand nicht eingedrückt wird.

Sicherungsbleche für Schrauben an Deckscheibe öffnen. Sechskantschrauben für Deckscheibe lösen. Triebling (Welle für Handbremse und Getriebezapfwelle) nach innen durchtreiben (Kunststoffhammer).

Richtiges Vorgehen: Wenn die Lager für den Triebling mit herausgetrieben werden, müssen sie unter der Presse vom Triebling getrennt werden. Bleiben sie im Gehäuse sitzen, könnten sie mit dem

Vorsicht Druckfeder!
Beim Ausfahren des Kupplungsfußhebels nach kurzem Weg Kupplungsfußhebel nach vorne kippen und Druck der Feder durch Gegendruck mit der Hand auf den Ausrückhebel aufheben. Dann Kupplungsfußhebel ganz ausfahren.

Kupferdorn leicht ausgetrieben werden. Vor dem Durchtreiben des Trieblings Bohrung für Spannstifte prüfen und evt. entstandenen Grat entfernen.

Kupplungsdruckring abnehmen, Formfedern ausheben. Sicherungsdraht für Stellschraube Kupplungsausrückgabel entfernen. Stellschraube des Kupplungshebels lösen.

Genau beobachten: Beim Anziehen der Stellschraube darauf achten, dass die Nase in der Welle des Kupplungsfußhebels in die Aussparung des Ausrückhebels einpasst. Stellschraube darf nicht auf die Bremskupplungswelle drücken.

Bremskupplungswelle seitlich herausziehen. Kupplungsfußhebel seitlich herausschlagen, Ausrückhebel und Druckfedern herausnehmen.

Schaltgetriebe zerlegen, Deckel für Antriebswelle und Deckel für Vorlegewelle abschrauben und abnehmen. Schaltdeckel abschrauben.

Nicht vergessen! Beim Abheben des Deckels auf die drei Druckfedern der Schaltstangen achten und sofort herausnehmen.

Reihenfolge beachten: Der Spannstift für die Schaltgabel des zweiten und dritten Ganges kann erst entfernt werden, wenn die Hauptwelle herausgenommen ist.

8

Druckfeder nach oben ausnehmen, die darunter liegenden Rasterbolzen nach Schaltstangendemontage sofort entnehmen und auf Vollzähligkeit prüfen (5 Stück). Spannstifte für Schaltstück ersten und Rückwärtsgang sowie für Schaltgabeln vierten und fünften Gang herausschlagen und unten auffangen.

Schaltstange für ersten und Rückwärtsgang und für vierten und fünften Gang nach vorne herausziehen, Schaltgabeln herausnehmen.

Alle Rasterbolzen herausnehmen: Unter den Druckfedern **8** sitzen Rasterbolzen, die jeweils aus den frei werdenden Bohrungen für die Schaltstangen herausgeholt werden müssen. Zwischen den drei Schaltstangen sitzen wiederum zwei Raster, die beim Einbau der Wellen nicht in die Bohrungen für die Schaltstangen hineinragen dürfen. Diese beiden Rasterbolzen können aus den Bohrungen für die Schaltstangen herausgenommen werden oder auch aus der mit einem Gummi verschlossenen Bohrung seitlich am Getriebegehäuse herausgenommen und wieder eingesetzt werden **9**.

Schieberäder auf Hauptwelle nach hinten schieben. Antriebswelle mit Kupferdorn nach vorne austreiben (Hammer, Kupfer- Alu- oder Messingdorn).

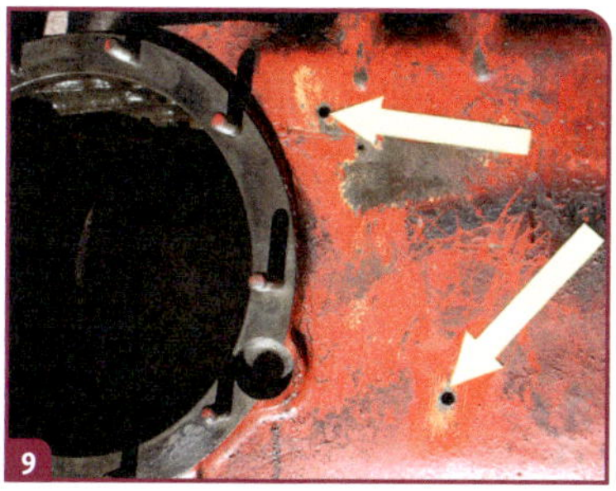
9

Walzenkranz beachten: Die Hauptwelle sitzt in der Antriebswelle in einem Walzenkranz mit 14 Walzen. Beim Ausbau nicht auf Walzenkranz schlagen, beim Einbau Walzenkranz halb auf Hauptwelle aufschieben, dann Antriebswelle von außen eintreiben.

Sicherungsbleche für Schrauben, für Deckscheiden an Gehäuse für Hauptwelle lösen. Schrauben für Deckscheiben ausschrauben. Hauptwelle nach hinten durchtreiben (Hammer, Kupfer- Alu- oder Messingdorn).

Achtung Fehlerquelle! Der Spannstift ist zugänglich nach Entfernen des Abdichtkorkens (Verschlussstopfen siehe Abbildung oben 9 am Gehäuse. Die Vorgelegewelle muss im Gehäuse so abgelegt werden, dass der Spannstift zwischen den Vorgelegerädern für den ersten und zweiten Gang durchgeht.

Wichtig! Beim Durchtreiben der Welle Schieberäder immer nachschieben, damit sie nicht verspannen.

Zuerst Schaltrad für vierten und fünften Gang herausnehmen, dann Welle von Schiebedoppelrad zweiten und dritten Gang abschieben. Dabei Schieberad für zweiten und dritten Gang in Eingriff mit Vorlegewelle bringen. Hauptwelle nach der Seite führen und nach Differentialseite hin vom Schieberad für ersten Gang abziehen und herausnehmen. Schaltstange für zweiten und dritten Gang in beiden Bohrungen aufliegen lassen, Schieberad für zweiten und dritten Gang in Leerlaufstellung seitlich abfallen lassen und Spannstift für Schaltgabel herausschlagen. Schaltstange für zweiten und dritten Gang nach vorne herausnehmen, dabei auf Rasterbolzen achten. Schieberad für zweiten und dritten Gang herausnehmen. Seegerring an Zapfwelle abnehmen. Kupplungshebel für Zapfwelle verdrehen und Kupplungsmuffe nach hinten schieben. Sicherungsblech für Mutter und Vorgelegewelle öffnen. Vorgelegewelle mit Messingdorn festlegen und Mutter abschrauben. Scheibe und Sicherungsblech von Vorgelegewelle abnehmen. Vorgelegewelle zurücktreiben, bis Ring-Zylinderlager hinten frei wird (Hammer, Kupfer- Alu- oder Messingdorn). Zapfwelle nach hinten führen. Kupplungshebel für Zapfwelle nach innen herausnehmen. See-

10

Leeres Getriebegehäuse.

gerring für Ring-Zylinderlager von Vorgelegewelle abnehmen. Ring-Zylinderlager abnehmen, Welle nach unten ablegen. Spannstift für Rücklaufachse austreiben.

Vor der Reinigung wird an allen Stehbolzen und an allen Innengewinden das Gewinde vorsorglich nachgearbeitet, alle Dichtflächen werden mit Flach- und Dreikantschaber sauber gereinigt und egalisiert. Das Gehäuse ist nun leer. Alle Teile werden erst nach der Reinigung auf Verschleiß geprüft. Defekte Teile, sämtliche Dichtringe, O-Ringe und Radialdichtringe werden neu beschafft.

Getriebe zusammenbauen

Zapfwellenhebel zum Einbau vorbereiten, Radialdichtringlauffläche mit einer feinen Schmirgelleinwand abziehen, Radialdichtring gerade einklopfen, Lauffläche der Einschaltwelle und Radialdichtringlippe gut ölen, dann den Einschalthebel von innen einschieben 13.

11 Einzelteile des Schaltgetriebes vor der Reinigung in einem geschlossenen Behältnis.

12 Gereinigter Differenzialkorb.

Gereinigte Vorgelegewelle mit eingebautem Kriechgangräderpaar einlegen 14.

Rückwärtsgangrad beim Einbauen links und rechts ausdistanzieren, so dass es im Leerlauf nicht am Schieberad streift, Spiel 0,2 – 05 mm, mit Fühlerlehre prüfen 15.

13 Eingebauter Schaltfinger für Zapfwelle.

14 Vorgelegewelle mit Radsatz.

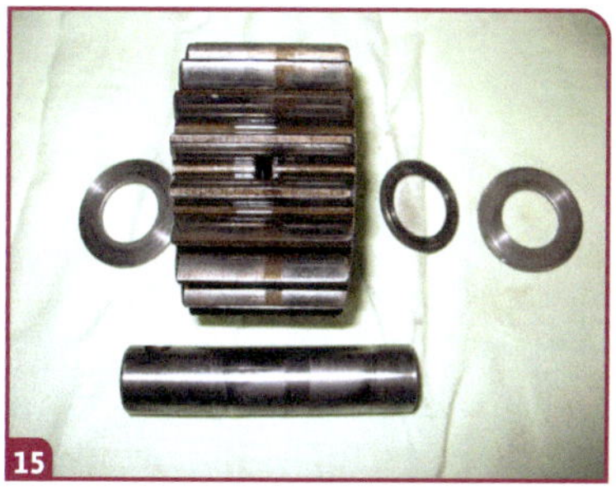

Rückwärtsgangrad, Achswelle und Distanzscheiben.

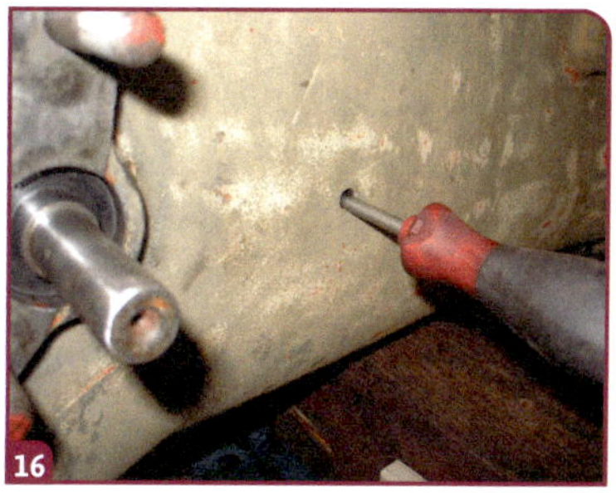

Mit Schraubendreher Flucht der Bohrung-Welle zum Gehäuse herstellen.

Achswelle so einsetzen, dass Gehäuse- und Wellenbohrung fluchten, Flucht prüfen 16.

Dann verstiften, Bohrung mit Gummistopfen verschließen. Lager der Vorgelegewelle einbauen, festziehen und mit Sicherungsblech und Seegerring fixieren, Lagerdeckel mit RTV-Silikon bestreichen und festziehen. Auf die Zapfwelle Schaltmuffe, Seegering, Stahlscheibe und Lager aufschieben, Welle zur Öffnung Achstrichter nach hinten einführen 17.

Eingeführte Zapfwelle.

Fertig eingebaute Zapfwelle.

Lagerzapfen der Zapfwelle in die geölte Lagerbuchse der Vorgelegewelle einführen, Schiebemuffe und Schaltfinger einfädeln, einen Helfer bemühen und das Lager ins Gehäuse klopfen und sichern 18.

Triebling hinten, eingebaut mit neuen Sicherungsblechen.

Leichtlauf prüfen. Nun Radialdichtring mit Hilfswerkzeug einbauen, dazu Welle und Dichtlippe ölen. Triebling hinten mit den bislang eingebauten Distanzscheiben erneut montieren. Die Einstellung der Trieblinge und des Differentialkorbes wird noch gesondert ausführlich beschrieben.

Triebling mit Lager und durch Sicherungsblech festgesetzte Mutter.

Am Triebling schaltgetriebeseitig Verschleiß, Leichtlauf und Festsitz des Lagers prüfen, Sicherungsblech in Kerbe drücken 20, von hinten nach vorne, wieder mit den Distanzscheiben einführen und gleichzeitig die Schalträder aufschieben.

Triebling im Gehäuse über Schaltmuffe und Schaltfinger der Zapfwelle.

Triebling ins Getriebegehäuse einbauen und Halteplatte anziehen, aber Sicherungsbleche noch nicht beidseitig anlegen 21.

Antriebswelle einbauen, dabei Nadellager und Laufflächen prüfen, Radialdichtring in Lagerdeckel einpressen, mit RTV-Silikon bestreichen und einbauen 23. Schaltstangen und Schaltgabeln an den Bohrungen entgraten, Schaltwellen mit Schleifvlies oder feiner Schmiergelleinwand abziehen, so dass die Schaltgabeln auf den Schaltwellen leicht zu verschieben sind 25.

Antriebswelle, Lagerdeckel mit Radialdichtring.

Erste Schaltwelle (in Fahrtrichtung links) mit Schaltgabel einschieben und positionieren. Rasterbolzen durch seitliche Bohrung einführen. Mittlere Schaltwelle mit Schaltgabel einschieben und positionieren. Wiederum Rasterbolzen durch seitliche Bohrung einführen. Letzte Schaltwelle mit Schaltgabeln einschieben und positionieren 26.

Ansicht auf Zahnräder durch den Seitendeckel.

Schaltwelle mit Schleifvlies maschinell abziehen.

26 Schaltstangen und Schaltgabeln in Neutralstellung.

27 Schaltdeckel mit Ölmessstab.

Seitliche Bohrungen mit Gummistopfen verschließen (siehe Seite 41 Abb. 9)
Rasterbolzen für jede Schaltstange von oben einführen, Federn einlegen, Deckel mit RTV-Silikon bestreichen und montieren.

Achtung!
Konische Beilagscheibe mit dünner Seite nach oben einlegen.

Hinterachse und Portalachsen zerlegen und zusammenbauen

Achtung! Wenn schwergängig, mit zwei Abdrückschrauben abdrücken (Ringschlüssel 19 mm).

Sicherungsdraht für Stellschraube an Bremswelle entfernen (Seitenschneider), Stellschraube an Bremswelle ausschrauben (Ringschlüssel 14 mm), Mutter für Achstrichter lösen (Ringschlüssel 14 mm), Flacheisen an Hinterradnabe aufschrauben und Nabe mit Trichter abtreiben (Hammer, siehe Seite 38 Abb. 2). Sicherungsblech unter Schraube für Hinterradschraube aufbiegen (Hammer, Stemmer), Schraube für Hinterradnabe abschrauben (Ringschlüssel 24 mm). Stirnrad unter Ring-Zylinderlager vor Hinterradnabe abziehen (siehe Seite 46 Abb. 2).

Achtung!
Bei der Überholung einer Hinterachse beginnt man die Arbeit am besten bei der eingebauten Achse, da sich dann die schweren Einzelteile leichter bewegen lassen.

Werkzeug

- Ringschlüssel 9, 14, 17, 19, 24, 32 mm
- Steckschlüssel 17 mm
- Maulschlüssel 17, 19 mm
- Hammer
- Stemmer
- Kunststoffhammer
- Kupferdorn
- Seitenschneider
- Tiefenlehre
- Schublehre
- Abzieher für Stirnrad auf Hinterradnabe
- Schlepper hinten aufbocken, Bock unter Längsstreben der Anhängervorrichtung. Rad abnehmen. (Steckschlüssel 27 mm). Ölablassschrauben im Achstrichter öffnen, Öl ablassen (Ringschlüssel 9 mm), Bremstrommel abnehmen.

Hydraulische selbstgebaute Auf- und Abziehvorrichtung für die Hinterradnabe.

Passfeder für Hinterradnabe herausnehmen. Hinterradnabe aus Achstrichter treiben (Kunststoffhammer).

Achtung! Wenn Lager oder Simmerring für die Hinterradnabe erneuert werden müssen, werden am besten die Bremsbacken ausgebaut. Nach Lösen des Lagerdeckels können Lager und Simmerring ausgepresst werden (Maulschlüssel 17 mm). Trittbrett abbauen, Befestigungsschraube für Trittbrett vorn lösen (Steckschlüssel 19 mm). Befestigungsschraube für Trittbrett hinten lösen (Steckschlüssel 19 mm). Bei Achsträger rechts Schalthebel für Zapfwelle entfernen, bei Achsträger links Tachometerantrieb abschrauben. Mutter zur Befestigung Achsträger am Getriebegehäuse lösen (Ringschlüssel 19 mm). Achsträger von Getriebegehäuse abdrücken.

Nilosringe.

Beim Aufpressen des Kugellagers auf die Steckachse neuen Rundschnurring nehmen. Kugellager bis zur Anlage an die Zähne aufpressen, so dass Rundschnurring sich gut einquetscht. Fußhebel für Differentialsperre auf Spannung drücken und Stellschraube lösen (Ringschlüssel 14 mm). Schalthebel mittels Scheiben so einstellen, dass er nicht auf die Führung in der Klaue drückt. Beim Zusammenbau Drehfeder von innen so spannen, dass die Stellschraube leicht eingedreht werden kann (Montierhebel, Bindedraht). Die noch im Gehäuse und auf den Wellen verbliebenen Kugellager und Simmerringe werden mit den üblichen Abziehern ab- und aufgepresst. Abstandsscheiben in der gefundenen Stärke von 1,55 mm einlegen, zuerst Abstandsschrauben, dann Nilosring.

Achtung! Der Nilosring muss so eingelegt werden, dass die senkrechte Kante (Schneidkante) gegen den Innenlaufring des Kugellagers drückt. Der neue Nilosring muss auf die Spannung sitzen können, d. h. die Aussenringfläche muss gegenüber der Schneidkante um ca. 0,3 mm zurückstehen.

Achtung!
Der Nilosring muss so eingelegt werden, dass die senkrechte Kante (Schneidkante) gegen den Innenlaufring des Kugellagers drückt. Der neue Nilosring muss auf die Spannung sitzen können, d. h. die Aussenringfläche muss gegenüber der Schneidkante um ca. 0,3 mm zurückstehen.

Achtung!
Beim Zusammenbau muss der Nilosring mit der Schneidkante zum inneren Kugellagersitz und der Abstandsring mit der abgeschrägten Kante vom Kugellager weg eingebaut werden.

Differentialgetriebe-Achsantrieb einsetzen

Achtung! Beim Einsetzen des Differentialgetriebe-Achsenantriebs darauf achten, dass die Ritzel von Triebling und Hauptwelle auch richtig in das Tellerrad eingreifen. Daher beim Eintreiben des Achsantriebs immer auf entsprechendes Spiel achten. Tiefenabstand nach Arbeitsgang nachkontrollieren. Abstand Kugellager zur Anlage Getriebegehäuse im Achsträger messen (Lineal, Tiefenlehre).

Steckachse aus Achsträger treiben (Kunststoffhammer). Klaue für Differentialsperre herausnehmen. Kugellager mit Nilosring und Abstandsring abmessen (Schieblehre).
Kugellagersitz im Achsträger messen (Tiefenlehre). Die Summe beider Tiefen muss durch die Stärke des Beilageringes ausgeglichen werden.

Differentialgehäuse-Achsantrieb, zerlegen und zusammenbauen

Kugellager von Differentialgehäuse abziehen. Schrauben für Differentialgehäuse und Tellerrad lösen (Steckschlüssel 19 mm). Tellerrad von Differentialgehäuse abtreiben (Kunststoffhammer).

Werkzeug
- Steckschlüssel 19 mm
- Ringschlüssel 32 mm
- Kunststoffhammer
- Abzieher für Ring-Rillenlager auf Differentialgehäuse SFK 476 oder handelsüblicher Kugellagerabzieher

Triebsatzeinstellung

Antriebswelle einsetzen (Kunststoffhammer).

Triebling (Handbremse) mit Ringschräglager und Ringrillenlager einbauen, gut zur Anlage bringen (Kunststoffhammer). Einstellvorrichtung für Triebsatz einsetzen (Einstellvorrichtung für Triebsatz SW 154). Abstand Stirnfläche Triebling für Antrieb **31** und Triebling **32** für Handbremse mittels Fühlerlehre feststellen.

Achtung!
Walzenkranz halb auf Hauptwelle zur Führung der Antriebswelle aufschieben, dann Antriebswelle einsetzen und eintreiben.

Stärke der Abstandscheiben wie folgt ermitteln:
Einstellmaß auf Stirnfläche feststellen. Liegt die Zahl über 100 gilt als Messfläche die Rückseite des Ritzels, liegt die Zahl unter 100, gilt als Maß die Stirnfläche des Ritzels. Daher muss im gegebenen Fall vor dem Einstellen das Höhenmaß des Ritzels festgestellt und festgehalten werden.

Triebsatzeinstellung bei den Typen A 12, A 16, AP 16, AP 17, AP 18, AP 22, P 122 und P 133.

Bei Einbau des Triebsatzes ist darauf zu achten, daß Hauptwelle, Tellerrad und Triebling die gleiche Satznummer eingeschlagen haben.

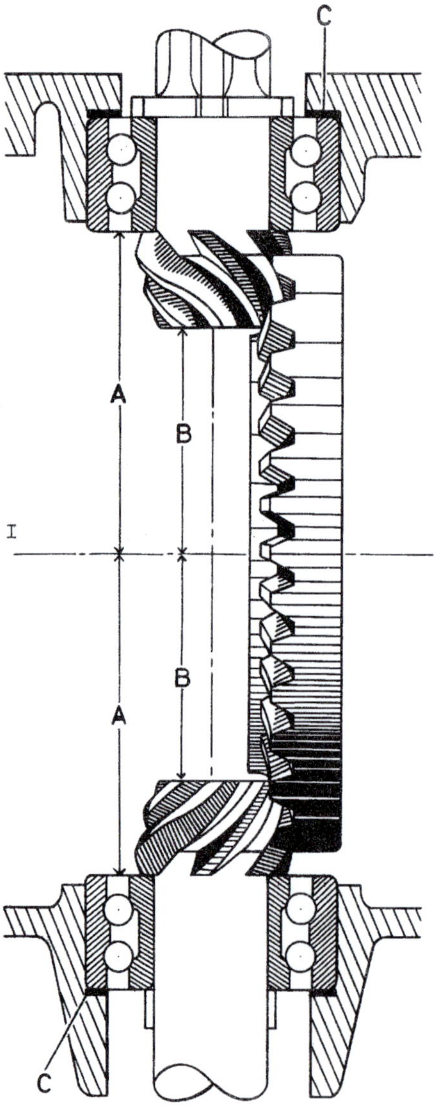

Bild I

Hauptwelle- und Trieblingeinstellung

Das Einstellmaß ist auf Hauptwelle und Triebling eingeschlagen. Dieses Maß gibt genau den Abstand von Mitte Tellerrad bis zu den Stirnseiten der beiden Ritzel an. Ist das Maß A angegeben, so wird die Höhe des jeweiligen Ritzels von diesem Maß abgezogen. Das Einstellmaß muß genau eingehalten werden und ist durch Unterlegen entsprechender Scheiben (C) einstellbar.

A = 130,0 — 130,9 mm
B = 87,0 — 87,9 mm
C = Distanzscheiben

TD E1

Bild II

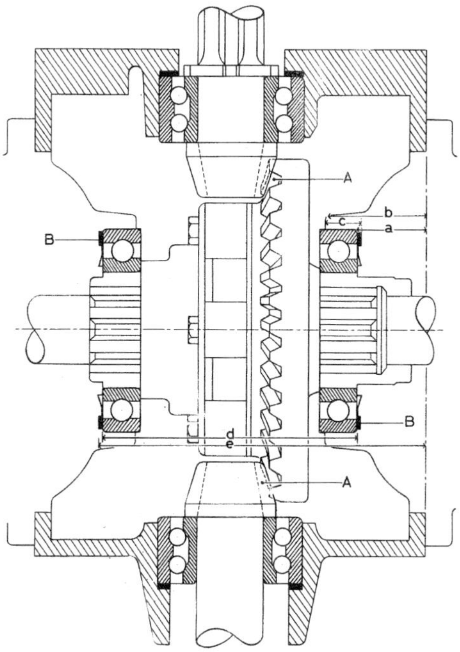

Einstellung des Tellerrad-Axialabstandes:

Der Axialabstand des Tellerrades muß 0,25 bis 0,3 mm betragen. Man geht beim Einstellen mit dem Tellerrad auf Preßsitz in den Zahnflanken und danach 0,25 bis 0,3 mm zurück. Der Axialabstand ist ebenfalls durch Unterlegen entsprechender Distanzscheiben genau einstellbar.

Ausmessung der Distanzscheiben:

1. Abstand von der Achsträger-Anlage am Getriebegehäuse bis zur Anlagefläche des Lagers am Differential messen. In der Zeichnung mit a angegeben.

2. Abstand von der Stirnfläche des Achsträgers bis zur Achsträger-Anlage am Getriebegehäuse messen. In der Zeichnung mit b angegeben.

3. Abstand von der Stirnfläche des Achsträgers bis zur Anlagefläche des Kugellagers im Achsträger messen. In der Zeichnung mit c angegeben.

Das Maß c wird vom Maß b abgezogen und die Differenz von Maß a. Der Rest ergibt die Stärke der Distanzscheiben.

Beispiel:

a = 44,8 mm	67,0	44,8
b = 67,0 mm	— 23,5	— 43,5
c = 23,5 mm	43,5	1,3

Die Stärke der Distanzscheiben im linken Achsträger wird nach folgender Formel errechnet:

e — (d + a) + 0,3 mm
(Axialabstand des Tellerrades)

Bild III

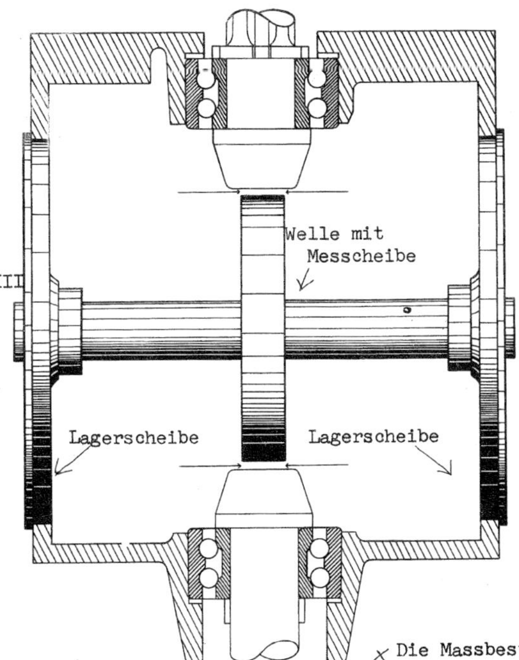

Die nebenstehende Zeichnung zeigt die Anbringung der Vorrichtung.

Der Abstand zwischen beiden Ritzeln und der Scheibe wird mit einer Fühllehre gemessen und zu dem Halbmesser der Scheibe dazugezählt.

x Die Massbestimmung nach Punkt 2 erfolgt ausschliesslich am Achsträger.

30 Einstellvorrichtung für Triebsatz SW 154.

31 Einstellvorrichtung für Triebsatz SW 154 Triebling Antriebswelle.

32 Einstellvorrichtung für Triebsatz SW 154 Triebling Handbremse.

Vorgelege überholen

Stehbolzen am leeren Portalachsengehäuse ausschrauben, die Gewinde nachschneiden, die Bolzen mit Dichtmasse bestreichen und einschrauben 33 + 34.

Ankerplatte und Gussgehäuse auf die gereinigte Fläche schrauben, neue Federringe verwenden und festziehen 35.

Lager einpressen, Haltedeckel mit Dichtmasse bestreichen und zusammenfügen, gleichmäßig über Kreuz festziehen 36.

Radialwellendichtring (Simmerring) mit Werkzeug einpressen, etwas tiefer als original, um neben die bisherige eingelaufene Dichtfläche des Simmerrings zu kommen 37.

Rechenbeispiel

Scheibenhalbmesser	=	87,00 mm
+ Fühlerlehre bei Prüfung	=	0,80 mm
Gemessenes Maß demnach	=	87,80
auf Ritzel eingeschlagenes und herzustellendes Maß	=	87,61 mm
Differenz	=	0,19 mm

Daher: Ritzel wieder ausbauen und Scheiben in Stärke von 0,19 mm zur Korrektur beilegen.

33 Stehbolzen der Ankerplatte immer mit Dichtungsmasse einschrauben.

34 Gehäuse, Ansicht von innen.

35 Aufgeschraubte Ankerplatte.

36 Lager eingepresst und Dichtungssilikon aufgetragen.

37 Aufgeschraubter Haltedeckel mit neuem Simmerring.

38 Fertig montiertes Portalgetriebe.

Differential einlegen. Dann die letzten zwei Schrauben des Haltebleches der Trieblinge, die erst nach dem Einlegen des Differentiales eingesetzt werden können, festziehen und alle Sicherungsbleche umschlagen. Beide Achstrichter anschrauben, zuvor Nilosring und Distanzscheiben beidseitig, wie vermessen, mit etwas Fett in den Achstrichter einlegen, auf Dichtflächen RTV-Silikon auftragen und Achstrichter unter Einklopfen des vormontierten Differentiales gleichmäßig anziehen. Mitnehmerklaue der Differentialsperre einsetzen, einschalten, Einschalthebel arretieren, damit die Einschaltklaue in Position bleibt und die Antriebswelle mit Portal eingefahren werden kann.

Getriebe mit montierten Achstrichtern.

Fest arretierter Einschalthebel der Differentialsperre.

Mit Stiftschrauben eingefahrene Portalachse.

Getriebeöl einfüllen.

Mit Hilfe zweier Stiftschrauben 41 positionieren wir die Portalachse. Zuvor jedoch wieder Nilosringe einlegen und Dichtflächen mit RTV-Silikon bestreichen. Mit etwas längeren Schrauben ziehen wir die Gehäuse gleichmäßig zusammen.

Mit einem großen Gummihammer geben wir beidseitig mehrere Schläge auf die Gehäuse, um Montagespannungen zu lösen. Getriebe und Achsen werden mit Getriebeöl SAE 90 gefüllt, das Getriebe bis zur Markierung am Messstab, die Portalachse bis Überlauf 42.

Vorgelegewelle ohne Zusatzrad für Kriechganggetriebe.

Kriechganggetriebe, Zapfwellenantriebe

Die Motorzapfwelle ist direkt mit dem Motor verbunden und läuft entsprechend der Motordrehzahl. Die Getriebezapfwelle ist über Kupplung und Getriebe mit dem Motor verbunden, die Nenndrehzahlen sind genormt. Die beiden Standard Drehzahlen 540 / min und 1000 / min sind so untersetzt, dass sie im Bereich der Motor-Nenndrehzahl (Höchstleistung) erreicht werden. Die Wegezapfwelle ist mit einer Verzahnung an den Antriebsstrang der Räder gekoppelt, sodass die Drehzahl mit steigender Fahrgeschwindigkeit ansteigt. Diese Zapfwelle wird zum Antrieb von mechanisch getriebenen Triebachsanhängern eingesetzt. In Kombination kommen oft Getriebe- und Wegezapfwellen vor. Oftmals finden sich an Fahrzeugen mit Nebenantrieb zweifach wirksame Kupplungen. Im Stillstand des Fahrzeugs wird beim Einkuppeln zuerst das angebaute Aggregat per Nebenantrieb mit Leistung versorgt, so dass zum Beispiel die Mähmesser eines Traktors anlaufen können, und erst bei weiterem Einkuppeln setzt sich das Fahrzeug in Bewegung.

1 Vorgelegewelle mit Zusatzrad für Kriechganggetriebe.

2 Gebraucht erstandenes Kriechganggetriebe: Dichtflächen abschaben, das Getriebe reinigen, vor dem Einbau die Lager kontrollieren und Dichtring der Schaltwelle austauschen.

3 Verschlissener Lagerzapfen der Zapfwelle.

4 Auf der Drehbank eingespannte Zapfwelle zum Überdrehen des Lagerzapfens.

Kriechganggetriebe

Die Porsche-Diesel-Traktoren wurden nur zum Teil mit einem Kriechganggetriebe ausgestattet. Der nachträgliche Einbau ist möglich. Es kann aber sein, dass die Vorgelegeräder des zweiten und dritten Ganges ausgetauscht werden müssen.

Wichtig: Zähnezahl der Vorgelegeräder beim Rädertausch beachten. Räder nur auf einer Presse von der Welle ab- und aufpressen.

Nun an Stelle des Blinddeckels das Kriechganggetriebe mit Passstiften einsetzen. Beide Endrasten des Einschalthebels so einstellen, dass das Schaltrad frei läuft und in der eingelegten Position voll im Eingriff ist.

Zapfwellenantriebe

Zu Reparaturen kommt es in der Regel nur an der hinteren Motorenzapfwelle 540 U / min. Die Buchse in der Vorgelegewelle bekommt Spiel oder wird durch Axialdruck zerstört, ausgelöst von defekten schwergängigen Gelenkwellen der Arbeitsmaschinen. Dies hat zur Folge, dass auch der Lagerzapfen der Zapfwelle in Mitleidenschaft gerät. Der Lagerzapfen wird abgedreht bis genügend plane Fläche zum Aufschrumpfen einer Metallbuchse vorhanden ist. Werkstoff soll ein härtbarer Stahl, z. B. 16 MnCr 5 sein. In das Gegenstück, in die Vorgelegewelle, setzen wir eine auf Maß gedrehte Rotgussbuchse **5** ein. Das Laufspiel soll 0,05 – 0,1mm betragen.

Stark abgenutzte Einschalthebel 6 sollten erneuert werden, denn versehentlich unter Last ausschalten, beschädigt immer die Einschaltmuffe samt Vorgelegewelle.

5 Vorgelegewelle mit neuer Rotgussbuchse.

6 Einschaltarretierungen.

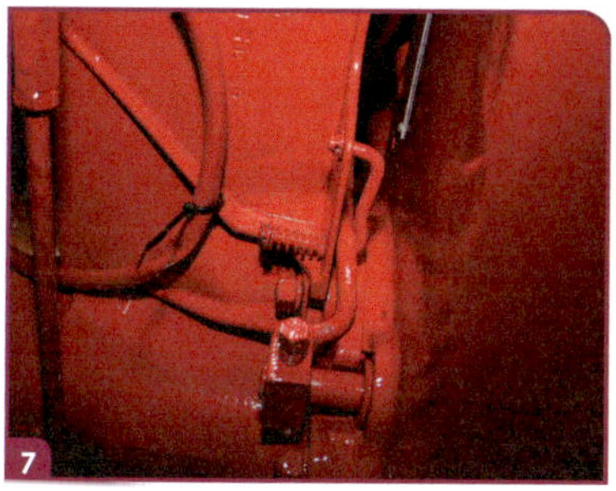

7 Eingebaute, unter Federspannung befindliche Einschaltarretierung.

Richten einer verdrehten Ausrückgabel mit dem Schweißbrenner.

Kupplung

Auf die Prüfung und Einstellung aller im Eingriff befindlichen Bauteile kommt es an. Hier geht es um die Funktionsweise, die Prüfung und die Einstellung einer Einscheiben-Trockenkupplung eines Porsche-Diesel-Oldtimers.

Die Kupplung stellt eine lösbare mechanische Verbindung zwischen Motor und Getriebe her. Diese Verbindung wird beim Oldtimerschlepper durch mechanische Bauteile gelöst. Die Kupplung ist nötig zum Anfahren und zum Schalten. Sie kann eine Verbindung zwischen zwei drehenden Bauteilen herstellen oder lösen.

Die Trockenkupplung

Die Trockenkupplung hat eine Kupplungsscheibe, deren Beläge speziell für trockene Reibung mit höherem Reibwert ausgelegt sind. Das übertragbare Drehmoment hängt außer von diesem von der Größe und Anzahl der Reibflächen und der Anpresskraft ab.

1 Neue Kupplungsscheibe (Mitnehmerscheibe) einer Trockenkupplung.

2 Mitnehmerscheibe, Druckplatte mit Zentrierdorn.

Funktion

Schwungrad und Druckplatte sind drehfest mit der Kurbelwelle verbunden und geben das Drehmoment über die Reibbeläge der Kupplungsscheibe an die Getriebeantriebswelle weiter. Die Kupplungsscheibe wird zwischen Schwungrad und Druckring festgeklemmt. Für den nötigen Anpressdruck sorgt Federkraft, die damit das maximal übertragbare Drehmoment bestimmt. Kupplungsdeckel, Druckring

3 Kupplungsglocke mit komplettem Ausrückmechanismus, Pedal auf Drchwelle mit auf Ausrückfinger montiertem Grafitring.

4 Verschlissener Kupplungsbelag mit Riss an Nietstelle.

und Druckfedern zusammen werden auch als Kupplungsautomat bezeichnet. Während des Einkuppelns hat die Kupplungsscheibe, auch Mitnehmerscheibe genannt, den größten Verschleiß im Druckpunkt. Wird die Druckplatte vom Schwungrad weg bewegt, so ist keine Reibung mehr zu der Kupplungsscheibe vorhanden und die Verbindung ist gelöst.

Diese Bewegung wird beim Oldtimerschlepper meist durch das Pedal über eine Drehwelle zur Ausrückgabel über das Ausrücklager gelenkt.

Der häufigste Schaden an der Kupplung ist eine zu geringe Reibung (Schleifen) zwischen Kupplungsscheibe und Druckplatte bzw. Schwungrad. Diese ist durch Ölundichtigkeit, Belagverschleiß, erlahmende Federn oder zu viel Kupplungsspiel bedingt.

Wichtig!
Mit zunehmendem Verschleiß des Belags der Kupplungsscheibe wird das Kupplungsspiel kleiner, wenn nicht automatisch nachgestellt wird.

Bitte beachten

- Beim Erneuern der Kupplung immer das Nadellager, bei älteren Ausführungen die Lagerbuchse in der Schwungscheibe auf Verschleiß überprüfen, gegebenenfalls erneuern.
- Überprüfen des Grafitringes auf Verschleiß, eventuell erneuern, bei schräger Abnutzung Ausrückgabel richten.
- Die Schrauben sollen beim Aus- und Einbau der Kupplung allmählich über Kreuz gelöst und angezogen werden.
- Beim Ansetzen darauf achten, dass der Passsitz in die Aufnahme des Schwungrades passt.
- Zum Einbau Kupplungsführungsdorn (Zentrierdorn) verwenden.
- Die Kupplungsscheibe (Mitnehmerscheibe) muss so eingesetzt werden, dass das kurze Ende der Nabe zur Motorseite hin, die Setzköpfe der Nieten nach außen zeigen oder der Schleuderring nach außen zeigt.

Wichtig!
Längeres Treten der Kupplung z. B. im Rangierbetrieb oder vor einer roten Ampel belastet das Ausrücklager, die Kupplungsscheibe und die Axiallagerung der Kurbelwelle unnötig.

Man merkt dies z. B. beim Anfahren, wenn der Motor höher dreht als er eigentlich bei dieser Fahrgeschwindigkeit sollte. Trennt die Kupplung nicht oder nicht vollständig, so sind eine schiefe Kupplungsscheibe, klebende Beläge, eine auf ihrer Verzahnung festgerostete Kupplungsscheibe oder ein zu geringes Kupplungsspiel Schuld. Wenn sich der Gang überhaupt noch einlegen lässt, macht hierbei zumindest der Gangwechsel Geräusche. Seltener ist die rupfende Kupplung durch ungleiche Belagauflage oder Reibung. Hierbei sieht auch der routinierte Fahrer wie ein Anfänger aus.

Ausrücklager

Das Ausrücklager, ausgeführt als Axialkugellager oder Grafitring, soll die Kraft von der Ausrückgabel auf den sich drehenden Kupplungsautomaten (Schraubenfedern) übertragen.

Funktion

Ausrücklager müssen größere axiale Kräfte aufnehmen. Früher sorgte bei unbetätigtem Kupplungspedal ein geringes Spiel für Stillstand bei normaler Fahrt. Es drehte nur beim Einkuppeln mit. Durch besseren Schutz gegen Verschleiß können heutige Ausrücklager immer mitdrehen.

Wichtig!
Grafitringe mit abgeschrägten Flächen so einbauen, dass die Druckflächen 90° verdreht zur Ausrückringachse liegen.

Grafitring im Ausrückring erneuern

Klammern an Ausrückring und Ausrückgabel entfernen und herausnehmen. Alten Grafitring mit Hammer und Meißel aus der Fassung herausschlagen. Zum Ausschlagen immer eine Schutzbrille tragen. Fassung reinigen und auf einer Heizplatte auf ca. 80 °C erwärmen.

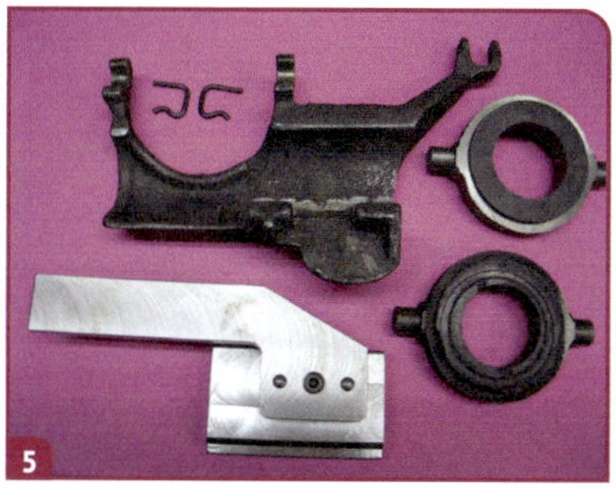

Grafitring alt und neu, Ausrückgabel mit Klammern, Prüfwerkzeug für die Ausrückgabelüberprüfung.

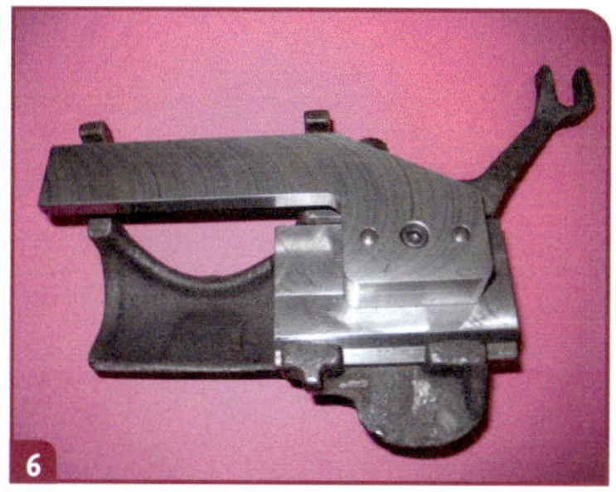

Eingeschobenes Prüfwerkzeug.

Verbogene Ausrückgabel, hinterer Finger liegt am Prüfwerkzeug an, vorderer Finger steht ab.

Mit dem Brenner wird die Ausrückgabel erwärmt.

Neuen Grafitring ansetzen und eindrücken. Lässt sich der neue Grafitring nicht per Handdruck eindrücken, so nehmen wir den Schraubstock zu Hilfe, ausgerüstet mit Alubacken. Grafitring dabei mit einem Weichholzbrettchen schützen. Ausrückring sofort in Öl abkühlen, um den Grafitring vor Erwärmung zu schützen.

Prüfen der Ausrückgabel 6
Hilfswerkzeug in Ausrückgabel einschieben und festziehen.

Abstand beider Finger prüfen 7
Ausrückgabel warm ausrichten 8
Aber danach immer nur langsam abkühlen lassen!

Gerichtete Ausrückgabel mit eingelegtem Ausrücklager, vorbereitet zum Klammereinbau.

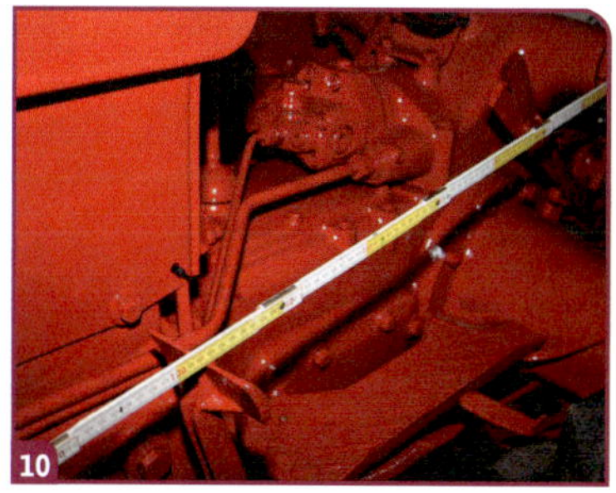

Messen des Ausrückweges und des Todgangs (Kupplungsspieles)

Grafitring in Ausrückgabel einbauen

Lagerzapfen des Ausrückringes beidseitig mit hoch haftendem Fett bestreichen und in die Ausrückgabel einbauen. Drehbewegung und Leichtgängigkeit prüfen. Vorspannung der Halteklammern feststellen, nötigenfalls die Klammern im Schraubstock leicht zudrücken.

11

Einstellschraube für Todgang (Kupplungsspiel).

Grundeinstellung der Kupplung an einem Porsche-Diesel

Die Maße für die Grundeinstellung der Kupplung sind: Ausrückweg, am Kupplungspedal gemessen, von Anlage Grafitschleifring am Ausrückring bis Anschlag 55 mm.

Todgang (Spiel) des Kupplungshebels bis zur Anlage Grafitschleifring an Ausrückring 11 mm (siehe Seite 59 Abb. 10). Einstellschraube vor dem Einbau der Ausrückgabel auf leichten Gang überprüfen 11, nötigenfalls Gewinde nachschneiden an Schraube und Getriebeblock.

12

Gesamtweg immer mit Messschieber prüfen.

Der Gesamtweg des Kupplungshebels wird begrenzt durch die Stellschraube im Kupplungsgehäuse

Gesamtweg Ausrückhebel bis zum Anschlag an Stellschraubenkopf 12:

19,3 mm für die Schlepper A133, P133 und 308

16,3 mm für die Schlepper A122, P122 und 208

13

Muttern nach der Einstellung mit zwei Gabelschlüsseln sorgfältig kontern.

Einstellung durch Mutter mit Gegenmutter an Stellschraube im Kupplungsgehäuse 13.

Bremse ohne Wirkung, verölte Bremsbeläge, hervorgerufen durch einen defekten Radialdichtring der Radnabe des Portalantriebes

Die Bremsen

Kraftfahrzeuge müssen 2 voneinander unabhängige Bremsanlagen haben oder eine Bremsanlage mit 2 voneinander unabhängigen Bedienungseinrichtungen, von denen jede auch dann wirken kann, wenn die andere versagt. Die voneinander unabhängigen Bedienungseinrichtungen müssen durch getrennte Übertragungsmittel auf verschiedene Bremsflächen wirken, die jedoch in oder auf derselben Bremstrommel liegen können. Können mehr als 2 Räder gebremst werden, so dürfen gemeinsame Bremsflächen und (ganz oder teilweise) gemeinsame mechanische Übertragungseinrichtungen benutzt werden; diese müssen jedoch so gebaut sein, daß beim Bruch eines Teils noch mindestens 2 Räder, die nicht auf derselben Seite liegen, gebremst werden können. Alle Bremsflächen müssen auf zwangsläufig mit den Rädern verbundene, nicht auskuppelbare Teile wirken. Ein Teil der Bremsfläche muss unmittelbar auf die Räder wirken oder auf Bestandteile, die mit den Rädern ohne Zwischenschaltung von Ketten oder Getriebeteilen verbunden sind. Die Bremsen müssen leicht nachstellbar sein oder eine selbsttätige Nachstelleinrichtung haben.

Fußbremse

Bremse zerlegen, Bremsgestänge an den Einstellschrauben lösen, Bremstrommeln abnehmen, festsitzende Bremstrommeln mit zwei Schrauben M12 gleichmäßig abdrücken.

1 An den Bremstrommeln die Abdrückgewinde M12 nachschneiden.

2 Anlageflächen abschaben, von Rost und Schmutz reinigen, Laufflächen mit Schleifleinwand Korn 80-100 abziehen.

3 Einbaufertige Bremstrommel.

4 Lackierte Bremsbacken, jedoch Anlagefläche der Bremsbacken nicht lackieren.

5 Bremsbacken mit aufgenieteten Bremsbelägen.

Wichtig!
Porsche-Bremse, oben Beleg lang, unten Belag kurz.

Wichtig!
Perrot-Bremse, oben Belag kurz, unten Belag lang.

Auflagefläche der Radnabe ebenfalls von Rost und Schmutz reinigen, Bremsbacken ausbauen und die im Laufe der Jahre ausgehärteten Bremsbeläge abschlagen. Bremsbacken entrosten, Nietenreste austreiben, Anlageflächen der Backen egalisieren.
Bremsbeläge aufnieten oder aufkleben lassen. Pro Seite wird eine Bremsbacke mit kurzem Bremsbelag und eine Bremsbacke mit langem Bremsbelag verbaut.

6 Porsche-Bremse.

7 Perrot-Bremse.

Bremstrommeln anbauen, festziehen, danach am Bremsgestänge beidseitig gleichmäßig den Pedalweg einstellen.

8 Bremsgestänge mit Einstellschrauben.

9 Bremsnocken mit Einstellschraube auf Bremswelle mit Bremsgestänge.

Pedale der Einzelradbremse über die Einstellschraube am Bremsnockenhebel auf Höhe Trittbrett stellen.

Handbremse

Alle Arbeiten an den Bremsen sind sicherheitsrelevante Tätigkeiten und erfordern fachliche Kompetenz, entsprechendes Werkzeug und die Ehrlichkeit, die eigenen Fähigkeiten richtig einzuschätzen oder vielleicht besser doch in die Werkstatt zu gehen.

Wichtig!
Die Bremsen dienen zum Verzögern, Abbremsen und Feststellen eines Fahrzeuges. Gehen Sie deshalb bei Arbeiten an Bremsen immer auf Nummer SICHER.

Korrektes Aufnieten des Bremsbelages ist eine wesentliche Voraussetzung sowohl für die Betriebssicherheit der Fahrzeugbremse als auch für beanstandungsfreies Bremsen ohne quietschen.

Alten Belag entfernen

Am besten entfernt man den alten Bremsbelag mit einem scharfen, flachen Meißel, mit dem die Nietenköpfe rückseitig abgemeißelt werden. Dazu wird das Bremsband zwischen Aluminiumbacken fest in den Schraubstock gespannt. Der Meißel wird entsprechend dem Anschliffwinkel zwischen Bremsband und Nietenkopf gehalten. Mit kurzen satten Schlägen werden die Nietenköpfe nach und nach entfernt. Eine weitere Variante ist das vorsichtige Abbohren der Nietenköpfe.

Wichtig!
Man nietet von der Mitte des Belages aus, wechselweise nach beiden Seiten, damit der Belag fest am Backen anliegt! Der Fachmann empfiehlt hier vier Hände! Ziehen Sie einen Helfer hinzu, der Belag und Bremsband beim Nieten hält.

Damit das Bremsband nicht beschädigt wird, darf nur ein Bohrer mit dem Durchmesser der Nieten verwendet werden. Mit einem Durchschlag entfernt man alle Nietenreste aus dem Bremsband.

Bremsband entrosten und lackieren

Mit der größte Feind der Bauteile eines Oldtimers ist bekanntlich der Rost. Entscheidend für die Haltbarkeit und Lebensdauer des Eisenanstrichs ist die Rostentfernung vor dem Lackieren. Je nach Zustand reicht das bloße Anschleifen, stärker angegriffene Teile zwingend sandstrahlen, um eine metallisch reine Oberfläche zu erhalten. Danach sind alle Kanten mit einer Feile zu entgraten.

Beachte beim Grund- und Deckanstrich:

- Rost stets gründlich entfernen!
- Das Metall muss absolut trocken sein!
- Das Metall muss absolut fettfrei sein!
- Danach sofort den ersten Grundanstrich aufbringen, ehe sich neuer Rost bilden kann!
- Decklack erst nach Ablauf der vom Hersteller angegebenen Trocknungszeiten der Grundierung auftragen!
- **Wichtig!** Nach dem Lackieren die Bohrungen des Bremsbandes mit einem Bohrer in Nietenstärke plus 0,1 mm aufbohren.

Bremsbelag aufnieten

Allgemeine Information zum Nieten:
Das Bremsband wird mit Hohlnieten genietet. Als Setzstock wird ein Durchschlag mit dem Durchmesser des Setzkopfes der Niete verwendet 11.
Die eingesetzte Niete wird mit dem Setzkopf auf den im Schraubstock eingespannten Durchschlag aufgelegt 12 + 14.

Mit dem Nietenzieher werden Bremsband und Bremsbelag zusammengepresst 13.

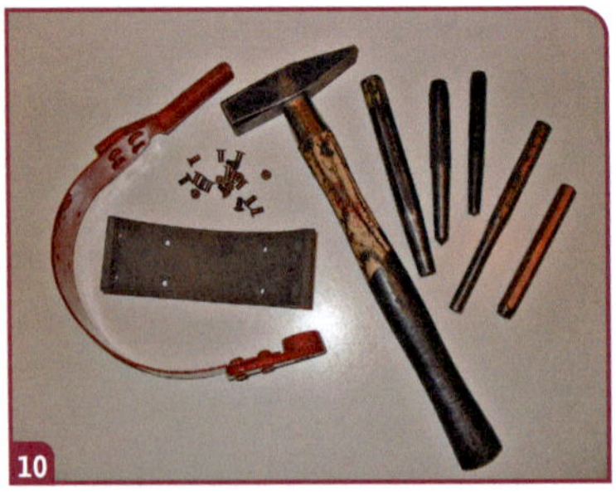
10

Nietwerkzeuge, Bremsband, Bremsbelag und Nieten.

Nietwerkzeug

- Der im Schraubstock eingespannte Durchschlag
- Nietenzieher
- Körner
- Döpper
- Hammer mit ca. 300 – 500 g

11 Eingespannter Durchschlag für Nietauflage.

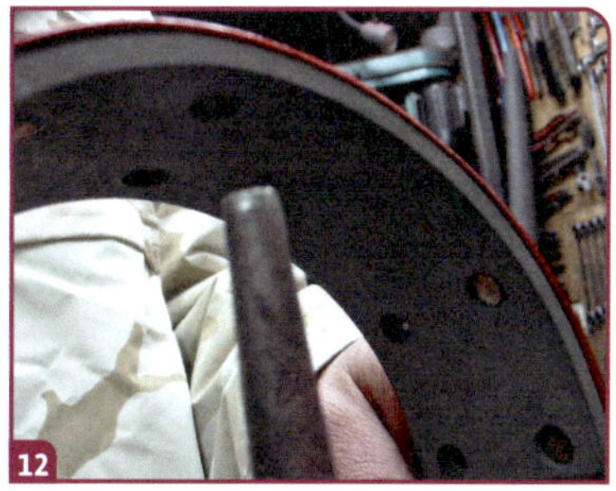
12 Belag und Niete gerade auflegen.

13 Nietenzieher.

14 Mit dem Körner angestauchte Niete.

15 Döpper und fertig geformter Nietenschließkopf.

16 Belagauflage und Festsitz prüfen.

Der Nietschaft wird mit dem Körner angestaucht und angeschrägt.

Mit dem Döpper wird der Schließkopf geformt 15.

Zur Bildung des Schließkopfes muss das überstehende Schaftende eine bestimmte Länge haben, z. B. 3 mm bei Hohlnieten mit 4 mm Schaftdurchmesser. Der fertig geschlagene Niet besteht aus Setzkopf, Schaft und Schließkopf.
Steht kein Döpper zur Verfügung, kann mit einem Hammer und einem Durchschlag die mit dem Körner rund und trichterförmig aufgeweitete Nietöffnung vorsichtig flach geklopft werden. Dabei bildet sich der Schließkopf ringförmig aus. Der auf das Bremsband genietete Bremsbelag wird rundum auf genaue Anlage und festen Sitz geprüft.

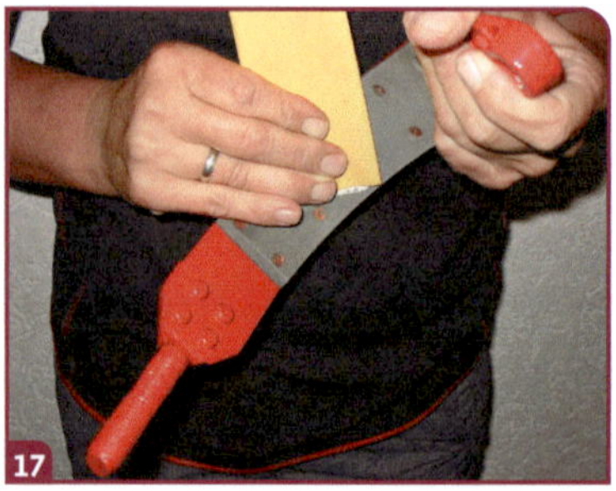

Feinschliff mit Korn 240.

Der letzte Schliff

Der Bremsbelag wird mit einem Schleifpapier, Korn 240, fein abgezogen.

Das geprüfte Bremsband wird nun in das Handbremsgehäuse montiert. Einstellschraube und Bremshebel sind auf Funktion und Leichtlauf geprüft. Somit steht einer exzellenten Bremswirkung nichts mehr entgegen 18.

Für die Klinke im Handbremshebel noch die Blattfeder erneuern 19, damit ein sicheres Rasten im Handbremssegment gewährleistet ist.

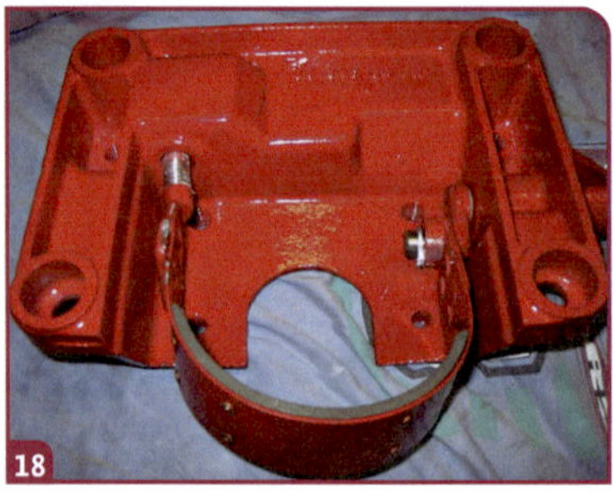

Bremsgehäuse mit eingebautem Handbremsband.

Blattfeder Handbremshebel.

Die Alterung des Lenkrades ist deutlich zu sehen: Der Lack ist ab, die Greiffläche rau und teilweise rissig.

Lenkung

Die Fahrsicherheit liegt mitunter auch in einer richtig eingestellten Lenkung. Es wir empfohlen, das Nach- und Einstellen einer Lenkung durch eine autorisierte Fachwerkstatt vornehmen zu lassen. Ein verantwortungsbewusster Schlepperfahrer lässt seine Lenkung einstellen, sobald er merkt, dass das Lenkspiel zu groß ist. Sie prüfen den Todgang einer Lenkung, indem Sie das Lenkrad mit zwei Fingern umfassen und in der Geradeausstellung der Vorderräder nach beiden Seiten hin bewegen, ohne dass sich die Räder drehen. Nun soll das Lenkspiel am Lenkrad maximal einen zwei Finger breiten Leerweg groß sein.

Wichtig!
In der Mittelstellung darf die Lenkung nicht klemmen, bei Links- und Rechtsdrehung darf das Spiel größer werden.

Lenkung

Lenkgetriebe

Am Lenkgetriebe Radialdichtringe wechseln, dazu am Lenkgetriebe oben Deckel abnehmen, Lenkwelle nach oben herausnehmen, Deckel der Lenkspindel vorne abschrauben, Deckel vorsichtig mit den dünnen Ausgleichsplättchen abnehmen und Lenkspindel auf sauberem Tuch ablegen. Alte Radialdichtringe ausschlagen und alle Teile reinigen. Neue Radialdichtringe einbauen, Lenkspindel einfahren, beim Einfahren Lippen des Radialdichtringes mit Zeichenkarton schützen. Die Lenkspindel auf Nullspiel ausdistanzieren. Zu den dünnen Ausgleichsplättchen kann auch mit Papier noch ausgeglichen werden. Die Lenkspindel muss sich leicht drehen, sie darf keine Stelle haben, an der sie merklich schwerer geht. Lenkwelle geölt durchschieben, Deckel mit RTV-Silikon montieren, Getriebeöl SAE 140 einfüllen und mit der Stellschraube Spiel einstellen.

1 Neu abgedichtetes und eingestelltes Lenkgetriebe.

Lenkgetriebe in Lenkungsträger einbauen, Schrauben erst festziehen, wenn Lagerbüchsen am Kraftstofftankbock leicht angezogen sind, alles festziehen und Leichtlauf prüfen. Lenkstockhebel genau in Mittelstellung montieren (anhand der Lenkradumdrehungen ermitteln und auf die Hälfte stellen).

Spurstangen

Spurstangenköpfe mit Spiel bei Schub und Zug auswechseln. Staubkappen und Schmiernippel prüfen, eventuell erneuern.

2 Spurstangen alt und restauriert.

3 Eingebaute Spurstange vorbereitet zur Spureinstellung.

Messen mit Meterstab und Flachstahl.

Spur einstellen

Nach einem Spurstangenkopfwechsel muss die Spur neu eingestellt werden.

Achtung: Die Spur muss positiv sein. Vorspur! D. h. die Räder sind vorne 3 – 6 mm enger als hinten. Zu zweit, mit einem Meterstab und einem gerade abgeschnittenen Stück Flachstahl messen wir in gleicher Höhe vor und hinter der Vorderachse 4. Korrekturen nehmen wir so vor, dass die beiden Spurstangen in etwa gleich lang bleiben.

Lenkrad

Der Kunststoffbelag ist sehr oft an den Speichen eingerissen, rostig und abgegriffen. An den Stellen, an denen ein Lenkfix montiert war, sind meist tiefe Gräben eingearbeitet. Die Stahlspeichen sandstrahlen, besonders sorgfältig in den Ritzen, danach grundieren, den Kunststoffbelag mit 2K Material (Flüssigmetall) nachformen und schleifen. Kunststoffvermittler auftragen, Füller auftragen, fein schleifen und lackieren. Vor der Montage auf die Lenksäule Bohrung im Lenkrad mit einer Reibahle 25H7 ausreiben.

Restauriertes Lenkrad.

Vorderachse

Höhenverstellbare Vorderachse mit Schraubenfederung und Fünfloch-Kleeblattfelge. Die Achsschenkel sind in ihrer tiefsten Stellung montiert.

Der Porsche-Diesel-Schlepper zeigt, von vorne gesehen, immer eine leichte O-Bein-Stellung der Vorderräder. Daran haben wir uns bereits schon gewöhnt. Es spielt dabei keine Rolle, ob es sich um die Bergische Achse oder um die Porsche-Diesel Vorderachse handelt. Neben dieser sichtbaren Sonderstellung der Vorderräder gibt es noch weitere Einstellmöglichkeiten. Es können Vorspur und Spurbreite eingestellt werden. Durch das Ineinanderschieben zweier Rohre mit Zwangseinstellung durch Bolzen und die Spurstangen mittels Klemmhülsen können 5 verschiedene Spurbreiten eingestellt werden.

Achsschenkel (Radführung)

Zerlegen

Lenkhebelklemmschraube lösen und ausnehmen, Lenkhebel mit Aludorn abklopfen, Passfeder ausbauen, Tellerfedern abnehmen und Achsschenkel nach unten herausziehen. Schmiernippel durch Öffnung am Achsschenkelrohr unten aus dem Radführungslager ausschrauben. Mit einer Gewindestange Feder im Gehäuse so spannen, dass die gelöste untere Klemmschraube locker auszunehmen ist, Gewindestange lösen und alle Teile nach unten ausnehmen. Alle Teile reinigen und prüfen. In der Regel neue Führungslager einbauen 1 + 2.

1 Unteres Radführungslager.

2 Oberes Radführungslager.

3 Schraubenfeder.

Beim Zusammenbau beachten: Stützscheibe mit Schräge nach unten. Zwei Tellerfedern mit hohler Seite gegeneinander und dann eine Tellerfeder mit hohler Seite nach oben. Unter den Lenkhebel kommen je zwei Tellerfedern mit hohler Seite gegeneinander.

Federung Porsche-Vorderachse

Schraubenfedern auf Bruch und Risse prüfen 3.

Bergische Achse

Gummis prüfen, eventuell ersetzen 4.

4 Zwei Rundgummis mit verschiedenen Durchmessern je Achsenseite und Achsengröße.

5 Alle Außenringe der Radlagerung fallen mit Spiel in die Radnaben ein.

6 In die Radnabe eingepresster Lagersitz.

Radnabe und Radlager
Immer wieder kommt es vor,
dass die Lagersitze in den Radnaben ausgelaufen sind **5**.

Weiter nicht schlimm, in der Regel jedoch müssen die Lagersitze in den Radnaben dann ausgebüchst werden **6**.
Wichtig, beide Lagersitze müssen parallel zueinander liegen.

7 Mit „Lagerfest“ in die Nabe eingesetzter Lageraußenring.

8 Radnabe mit äußerem Radlager sauber auf Folie abgelegt.

9 Gewinde für Radschrauben nachschneiden.

Bei minimalem Spiel fügen wir den Lageraußenring zur Sicherheit mit Lagerfest in die Radnabe ein **7**. Nach dem Eindrücken des Lagerringes reinigen wir die Nabe von den Kleberesten.

Beim Zusammenbau darauf achten, dass die Abdeckscheibe des Achsschenkels im Einstich der Radnabe frei läuft. Wenn nötig Blechscheibe ausrichten. Mit einem Feingewindebohrer die Gewinde der Radschrauben nachschneiden **8**. Die einbaufertige Radnabe reinigen, fetten und einbauen.

Die Abdeckung der Radnabe **10** kann anstatt einer Papierdichtung auch mit RTV-Silikon aufgeschraubt werden. Bei nicht planen Abdeckungen nur RTV-Silikon verwenden.

10 Mit RTV-Silikon montierte Nabenabdeckung.

11 Radlagereinstellung prüfen.

Radlager einstellen

Präzise eingestellte Radlager garantieren perfekten Leichtlauf und verhindern die Beschädigung der Lagerlaufflächen. Es gibt nur eine richtige Einstellung: Zuviel Spiel zerstört das Lager, zuwenig Spiel bremst das Rad unnötig ab und zerstört das Radlager gleichermaßen. Die Radlager korrekt einstellen, ist nicht weiter schwer, denn in der Regel sind viele Radlagerungen mit gegeneinander verspannten Kegelrollenlagern ausgeführt. Genauso sind die Radlagerungen auch bei unserem Porsche-Diesel konstruiert. Ein Kegelrollenlager sitzt außen, eines sitzt innen. Je nachdem, wie stark man die äußere Mutter anzieht, wird das Lager mehr oder weniger belastet. Dabei gilt es den Punkt zu finden, der zwischen Lagerspiel und Überlastung liegt. Eine sichere Methode, das Radlager einzustellen, ist die Scheibe unter der Mutter zu bewegen. Wenn sich die Scheibe mit einem Schraubendreher 11 unter mäßigem Kraftaufwand noch hin- und herbewegen lässt, ist die Mutter stark genug angezogen und das Radlager korrekt eingestellt. Zur Sicherheit prüfe ich noch den leichten Lauf, indem ich das Rad drehe. Nun noch den Sicherungssplint einbauen und die mit Radlagerfett gefüllte Staubkappe einklopfen.

Frontgewichte

Um die Hubkraft zu erhöhen, gab es für die Vorderachse Frontgewichte. Je nach Schleppertyp sahen diese Gewichte wie folgt aus:

12 Zusatzgewicht Junior.

13 Zusatzgewicht Standard.

Kraftstofftank 50 Liter, innen versiegelt, vibrationsarm auf Gummistreifen (mit geteilten Befestigungsbändern) auf die Tankhalterung montiert

Kraftstofftank

Der Kraftstofftank ist ein aus zwei Hälften zusammengeschweißter Blechbehälter mit Verstärkungssicken, in dem Kraftstoff, bei unseren Porsche-Diesel-Traktoren, Diesel zum Betrieb des Verbrennungsmotor gelagert wird. Über den Einfüllstutzen fließt der Kraftstoff in den Kraftstofftank. Die Entnahme erfolgt über den im Tank eingebauten Kraftstofffilter. Serienmäßig, mit elektrischer Reserveanzeige als Zusatzausrüstung, konnte eine Tankuhr mitgekauft oder nachgerüstet werden.

Kraftstofftank

In jeden Kraftstofftank ist auf der Unterseite ein Stopfen 1 zum Ablassen von Wasser und Schlamm eingebaut. Bei gröberen Verschmutzungen Tank ausbauen und reinigen. Für die Verbindung zwischen Tank und Leitung empfehle ich einen Kraftstoffschlauch mit einvulkanisiertem Gewebe, befestigt durch Ohrenklemmen mit Ringeinlage.

Ablassstopfen.

Kraftstofffilter

Der Kraftstofffilter 3 befindet sich im Inneren des Kraftstofftankes. Drehverschluss 2 öffnen, Befestigungsschraube am Ringstück herausdrehen und Filter herausziehen 3. Kraftstofffilter in Erstausrüsterqualität, Filterbezeichnung z. B. Knecht KX 35 micro-star.

Tankdeckel, Zugang zum Kraftstofffilter.

Kraftstofffilter mit Befestigungsschraube.

Reservegeber

Sinkt der Tankinhalt unter ein bestimmtes Niveau, so löst der Reservegeber aus und lässt die Reservekontrollleuchte aufleuchten 4.

Kraftstoff Reservegeber.

Restauriertes Fahrgestell mit allen Anbauteilen.

Fahrgestell und Blechteile

Als Fahrgestell, Rahmen oder Chassis werden die tragenden Teile der Traktoren bezeichnet, die nicht wie die meisten PKW eine selbst tragende Karosserie haben. Am Fahrgestell sind die Radaufhängungen, alle wesentlichen Antriebselemente wie Getriebe und Motor, die Karosserie und gegebenenfalls Transportgutbehälter und Anhängerkupplungen befestigt. Fahrgestelle können auch ohne Karosserie fahrtüchtig sein. Blechteile werden zur Verschönerung oder zur Gewährleistung der Betriebssicherheit als Schutzvorrichtungen angebracht. Die Restauration dieser Blechteile nimmt in der Regel ein nicht unwesentlicher Zeit- und Materialaufwand in Anspruch.

Repariertes Sitzuntergestell.

Fahrersitz überholen

Der Autor repariert die Mechanik eines Sitzgestells mit neu angefertigten Bolzen und Buchsen.

Ein Fahrersitz hat eine wichtige Funktion. Neben der selbstverständlich unverzichtbaren Bequemlichkeit spielen auch Gesundheit und Sicherheit eine wichtige Rolle. Sitze von Traktoren unterliegen einem starken Verschleiß. Durch eine Reparatur mit der Liebe zum Detail, gepaart mit der nötigen Präzision, erhält ein Traktorsitz ein neues Leben. Dabei ist bei allen zu ersetzenden Teilen auf den originalgetreuen Nachbau zu achten.

Alter ausgeschlagener, schiefer und krummer Sitz.

Demontiert lassen sich alle Schäden genau analysieren.

Der Sitz wird in seine Einzelteile zerlegt.

Sitzparallelogramm mit defekten Messingbuchsen.

Buchsenaus- und eintreiber.

Alle verschlissenen Buchsen werden mit einem Dorn ausgeschlagen 6.
Eigens dafür angefertigtes Spezialwerkzeug, das sich zum Ausschlagen alter Buchsen und zum Eintreiben neuer Buchsen unter Verwendung von Flüssigkunststoff hervorragend eignet.

Alte Messingbuchse austreiben.

Die verschlissene Lagerbuchse wird aus dem Schwinghebel ausgeschlagen. 7 Dabei stellt sich heraus, dass der untere Schwinghebel bereits so stark eingelaufen ist, dass selbst mit einer neuen Buchse keine fachmännische Reparatur mehr erzielt werden kann. Keine Frage- jetzt wird ein neuer Schwinghebel angefertigt.

Eingelaufener Bolzen.

Die Bolzen werden auf Maßhaltigkeit geprüft, an allen Bolzen wird Untermaß gemessen und somit müssen für eine fachgerechte Reparatur neue Bolzen angefertigt werden.

Neue, auf Passmaß angefertigte Bolzen.

Schön, die neuen Bolzen 9! Jetzt brauchen wir nur noch neue Messingbuchsen mit dem Passmaß 16 h7 10.

Aus einem Messingrohr werden neue Buchsen gestochen und entgratet.

Messingbuchsen werden mit Flüssigkunststoff hochfest in die Schwinghebel eingeklebt.

Anwendungshinweis: Dieser Flüssigkunststoff härtet unter Ausschluss von Luftsauerstoff und in Verbindung mit Metallkontakt aus. Fügeflächen müssen trocken, staub- und fettfrei sein. Klebeflächen ausreichend benetzen und sofort zusammenfügen.

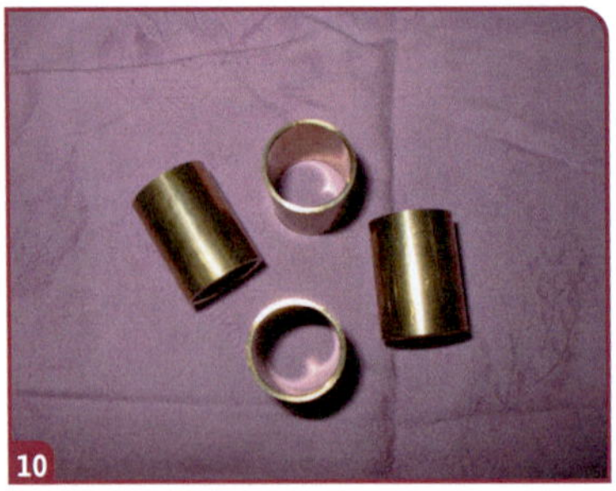

Messingbuchsen für Sitzparallelogramm

Mit Kleber bestrichene Messingbuchse eintreiben.

> **Achtung!**
> Klebeflächen mit Reinigungsmittel entfetten. Fügeflächen sorgfältig mit Flüssigkunststoff-„Hochfest" bestreichen. Teile nach dem Bestreichen sofort zusammenfügen.

Anwendungsbereich
Befestigt Gleit-, Kugel- und Wälzlager.

Bezugsquelle
Fachhandel, z. B. Fa. Würth Art.-Nr. 893270050

Eingeklebte Buchsen werden in dem neu angefertigten Schwinghebel auf Passmaß H7 aufgerieben. Sollen Bohrungen eine besonders gute Oberflächenbeschaffenheit erhalten sowie besonders genau in der Kreisform und im Durchmesser sein, so werden diese Bohrungen zunächst vorgebohrt und dann gerieben. Das Reiben erfolgt mit entsprechenden Reibahlen von Hand oder mit der Bohrmaschine.

12 Buchsen reiben.

13 Maschinenreibahle.

Die Hand-Reibahlen und die Maschinen-Reibahlen unterscheiden sich im Wesentlichen in zwei Punkten:
Erstens in der Ausführung ihrer Schäfte. Hand-Reibahlen haben am Ende des Schaftes einen Vierkant zur Aufnahme in das Windeisen.
Zweitens in der Länge des Anschnitts. Die Hand-Reibahlen haben einen langen, kegeligen Anschnitt mit schmalen Führungsfasen, damit sie von Hand gut geführt werden können. Bei den Maschinen-Reibahlen genügt, wegen der Führung durch die Bohrmaschine, ein kurzer Anschnitt ohne Führungsfasen.

> **Wichtig!**
> Technisches Merkblatt und Datensicherheitsblatt vor Verarbeitung des Klebeproduktes sorgfältig lesen.

Die Zahnteilung ist bei beiden Arten von Reibahlen ungleich. Dadurch werden am Werkstück Rattermarken verhindert. Die Span-Nuten verlaufen gerade und gewendelt.

14 Handreibahle.

Reiben von Hand
Die Hand-Reibahle 13 zuerst in das Windeisen einsetzen. Dann die Reibahle rechtwinklig zum Werkstück in die Bohrung einführen und durch Drehen im Uhrzeigersinn anschneiden lassen.

Unter gleichem Druck beider Hände die Reibahle langsam und gleichmäßig winden. Die Reibahle schält mit ihrem Anschnitt dünne, aber breite Späne aus der Bohrung. Der Führungsteil glättet die Bohrungswand nach. Zum Reiben ist ein Kühlschmierstoff (Schneidöl) zu verwenden. Auch beim Zurücknehmen der Reibahle aus der Bohrung ist die Reibahle stets in Schnittrichtung zu drehen, damit keine Späne einklemmen und die Oberfläche der Bohrungswand beschädigen.
Die Reibahle darf niemals gegen den Uhrzeigersinn gedreht werden, weil sonst die Schneiden ausbrechen.

Reiben mit der Maschine

Für das Reiben mit der Bohrmaschine ist eine kleine Drehzahl zu wählen. Sie soll etwa ein Drittel der entsprechenden Bohrerdrehzahl betragen. Die Reibahle (Seite 79, Abb. 14) wird vor dem Einschalten der Maschine vorsichtig in die Bohrung eingeführt. Mit gleichmäßigem Vorschub reiben und Kühlschmierstoff (Schneidöl) verwenden. Es sind weiterhin alle Hinweise zum Reiben von Hand zu beachten.

Prüfen der Bohrungen

Die Maßhaltigkeit geriebener Bohrungen wird mit entsprechenden Grenzlehrdornen geprüft. Die Gutseite des Grenzlehrdorns mit dem längeren Prüfzylinder weist das Kleinstmaß auf. Diese Seite muss sich ohne Kraftaufwand in die Bohrung einführen lassen. Die Ausschussseite mit dem Größtmaß hat den kürzeren Prüfzylinder und ist zusätzlich mit einem roten Farbring gekennzeichnet. Diese Seite darf nicht in die Bohrung passen, sondern nur anschnäbeln.

Passmaße

Bei der Fertigung von Bauteilen für Traktoren sollen häufig Teile mit einer ganz bestimmten Genauigkeit in Bohrungen passen. Die gefügten Teile bilden dann die Passung. Dazu müssen die Durchmesser beider Teile innerhalb ganz bestimmter genormter Abmaße sein. Diese Maße werden Passmaße genannt. Bei Bohrungen werden diese Maße durch Reiben erzielt. Für die Buchse des Sitzes sind die Passmaße 16^{H7} maßgebend. In dieser Angabe haben die einzelnen Teile folgende Bedeutung:

- **16** ist das Nennmaß der Bohrung in mm.
- **H** ist eine Angabe für das Toleranzfeld. Aus dem großen Buchstaben ist ersichtlich, dass es sich bei diesem Maß um ein Innenmaß handelt.
- **7** ist eine Angabe über die Größe der Toleranz. Die Zahlenwerte für die Abmaße dieser Angabe muss man aus entsprechenden Tabellen entnehmen.

Entschlüsselung eines Beispiels:
16 H7 = 16 − 0 + 0,018

Das heißt: Die Bohrung darf nicht kleiner 16,000 mm sein, sie darf aber auch nicht größer als 16,018 mm sein.

Hinweise zum Vorbohren und Aufbohren:
Beim Bohren mit dicken Bohrern in den vollen Werkstoff kommt es häufig vor, dass sich die Bohrerspitze beim Anbohren nicht in die Körnung des Anrisses einspielt, weil die Querschneide des Bohrers zu groß ist. Der Bohrer hat keine Führung. Das Loch ist dann zum Anriss versetzt.
Ein weiterer Grund für das Verlaufen des Bohrers liegt darin, dass die Querschneide nicht schneidet, sondern nur schabt. Dadurch werden erhebliche Vorschubkräfte für das Bohren erforderlich, die neben der schlechten Führung das Verlaufen begünstigen. Diese beiden Fehlerquellen vermeiden Sie durch Vorbohren und anschließendes Aufbohren der Löcher. Der erste Bohrer, der in den vollen Werkstoff bohrt, soll nur wenig dicker sein, als die Querschneide des nachfolgenden Bohrers lang ist. Dadurch wird die Querschneide des Vorbohrers kurz gehalten und die erforderliche Vorschubkraft für das nachfolgende Bohren mit dem größeren Spiralbohrer erheblich verringert. Seine Querschneide muss sich ja nicht mehr durch den Werkstoff schaben. Zum Reiben können die Bohrungen durch einen weiteren Bohrvorgang mit einem besonderen Aufbohrer noch exakter vorbereitet werden. Die Bohrungen werden dadurch bis auf die genaue Bearbeitungszugabe für das Reiben erweitert und gleichzeitig erhalten sie eine wesentlich glattere Bohrungswand als beim Bohren mit dem Spiralbohrer. Dies begünstigt den nachfolgenden Vorgang des Reibens. Zum Bohren mit dem Aufbohrer muss das Loch aber bereits einen Mindestdurchmesser aufweisen. Der kleinste Durchmesser des vorgebohrten Loches kann aus der DIN-Norm für Aufbohrer (Spiralsenker) entnommen werden.

15 Gummiverdrehfeder.

16 Fertiges, im Originalzustand topp restauriertes Sitzgestell.

Endlich ist es soweit! Alle Einzelteile sind für sich restauriert und lackiert. Es entsteht ein Sitzgestell, das technisch einwandfrei und optisch sehr schön geworden ist. Um es aber noch ganz perfekt zu gestalten, bauen wir noch eine neue Gummidrehfeder an.

Haube

Haube demontieren, alle Zierleisten und Embleme demontieren, Haube innen und außen sandstrahlen lassen.

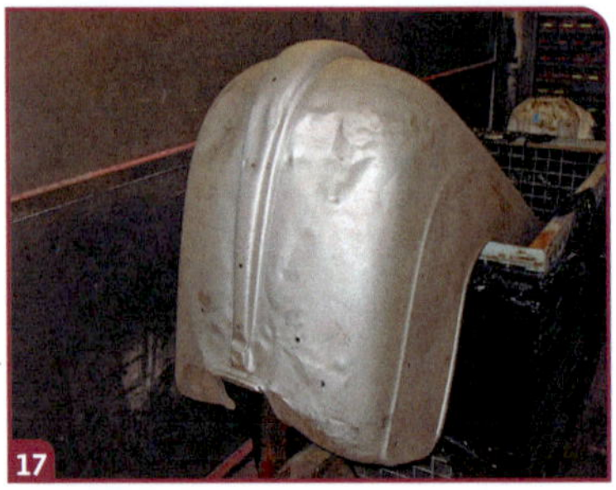

Sandgestrahlte Haube.

Haube ausbeulen, Ohren richten und anpassen, Aussparung Zugmaul erneuern und verstärken. Die ausgebeulte Haube anschließend verzinnen.

Danach die Motorhaube spachteln und schleifen. Vorbereiten zum Grundieren und Füllern, gut ablüften lassen und lackieren.

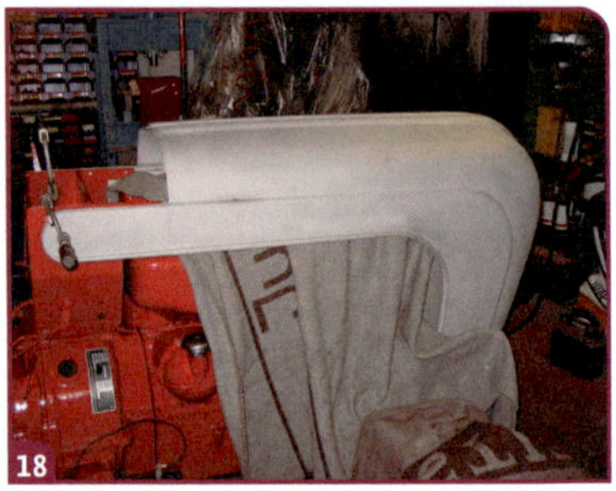

Haube wird angepasst.

Lackierte Haube auf fahrbarem Montagebock, vorbereitet für die Emblemmontage.

Kotflügel

Sie sind meist verbogen, abgeschnitten, durchgerostet oder so verändert, dass eine Reparatur nicht mehr möglich oder vollkommen unwirtschaftlich ist. Neue Kotflügel anzufertigen ist gar nicht so schwer, wie man glaubt. Eine Schablone im Radius des Kotflügels mit einseitig starkwandigem Rohr-Durchmesser 1“ als Außenkante anfertigen. Die Bleche nach den Maßen des Originals lasern oder zuschneiden lassen. Das waagerechte Blech zusätzlich noch runden. Am stehenden und am waagerechten Blech wird nun der Kantenradius, jeweils nur ein 1/8 des Rohrumfanges, mit einem Holzhammer gebördelt.

> **Wichtig!**
> Die Bleche dazu genau ausrichten und fest spannen.

Dann die Bleche und den gerundeten Rundstahl am äußeren Rand des Kotflügels noch in der Lehre heften, danach auf eine Richtplatte spannen und in der Mitte der runden Kotflügelkante von innen und außen verschweißen.

Zur Befestigung der Kotflügel am Schlepper sind Kotflügelaufnahmen und Verstärkungseisen einzuschweißen. Zu beachten sind die verschiedenen Radien der Verstärkungseisen.

20 Kotflügelrohling auf die Richtplatte gespannt zum Verschweißen.

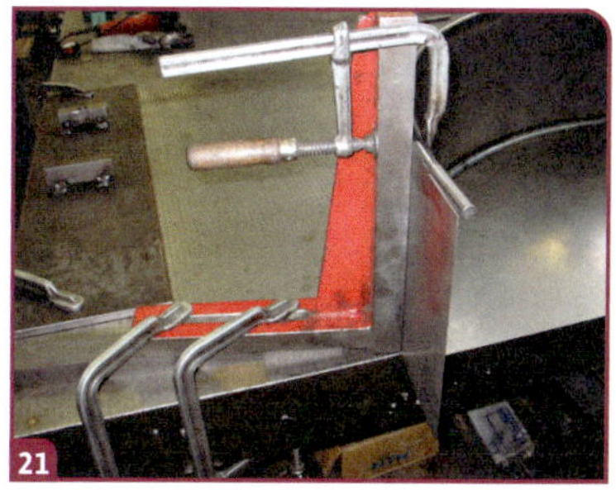

21 Auf Richtplatte und an Kotflügelrohling gespannte Winkelstütze.

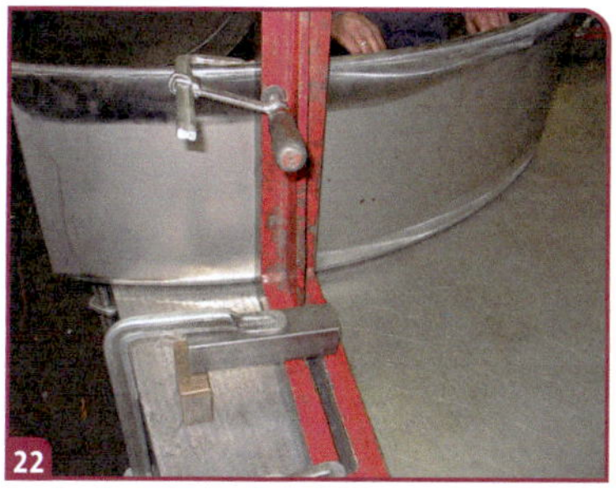

22 Winkelstütze mit Ansicht Außenseite

23 Kotflügelrohling mit Befestigungs- und Verstärkungsteile.

24 Positionieren der Befestigungs- und Verstärkungsteile.

25 Vorbereiteter Kotflügel zum Abdichten mit Karosseriedichtmasse.

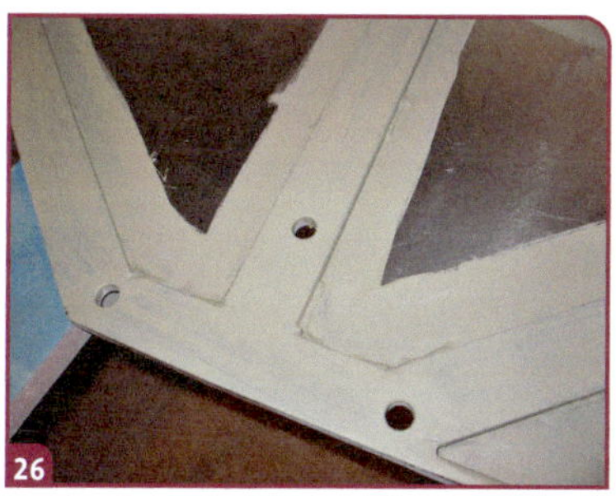

26 Vorbereitete Kotflügelaufnahme zum Abdichten mit Karosseriedichtmasse.

Die Verstärkungen dürfen nur in fest auf die Richtplatte gespannter Form eingeschweißt werden. Kotflügel erst aus der Aufspannung lösen, wenn abgekühlt. Mit dafür angefertigter Schablone die Kotflügelaufnahmen bohren und entgraten. Teile mit Fächerscheibe an den Schweißstellen flächig schleifen und entgraten. Kanten und Hohlräume vor dem Abdichten mit Karosseriedichtmasse grundieren.

27

Vorbereitetes Kotflügelende zum Abdichten mit Karosseriedichtmasse.

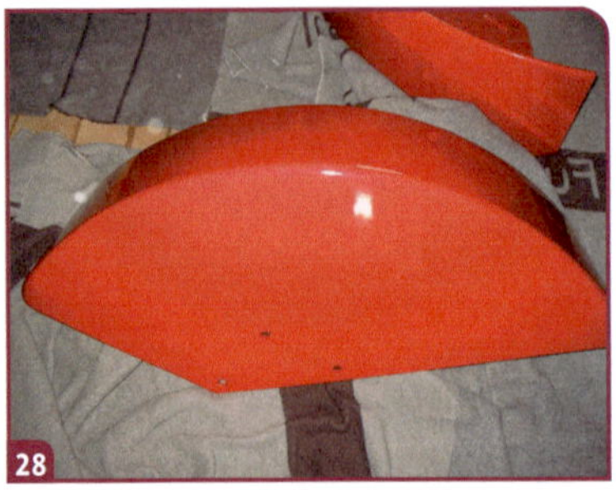

28

Lackierter Kotflügel Innenansicht.

29

Lackierter Kotflügel Draufsicht.

Kotflügel grundieren, mit Feinspachtel noch vorhandene Bearbeitungsspuren beseitigen, schleifen, füllern, schleifen und die Kotflügel lackieren.

Zugpendel

Zugpendel wurden meist außerhalb Deutschlands als Zugvorrichtung eingesetzt und spielen in der Porsche-Diesel-Restaurierung eine untergeordnete Rolle.

30

Zugpendel als Muster für den originalgetreuen Nachbau.

Zugvorrichtungen, Zugmaul

Zugvorrichtung, auch Anhängevorrichtung oder Zugmaul genannt, werden bei der Restaurierung besonders geprüft. Dieses Bauteil muss rissfrei, das Fangmaul drehbar und das Typenschild lesbar sein.

31

Nicht mehr lesbares Typenschild.

32

Neues Typenschild.

Zugmaul wieder drehbar, jetzt folgt das Strahlen aller Bauteile der Zugvorrichtung.

Mit einer langen Eisenstange, die man in die Anhängenagelbohrung steckt, versuchen, das festsitzende Fangmaul zu drehen. Ist das nicht möglich, nehmen wir das Zugmaul auf die Presse und versuchen das Fangmaul auszupressen, nötigenfalls zusätzliches Erwärmen des Kupplungsbügels. Ist das Fangmaul ausgepresst, reinigen wir die Bohrung des Kupplungsbügels und das Fangmaul samt Arretierfeder und -kugel. Alle Bauteile fetten, mit neuer Schraube in der Sicherungsgabel zusammenbauen.

Der Anhängenagel ist mit einem Federstecker zu versehen und kann mit einer Kette am Fangmaul befestigt werden.

Neu angefertigter Anhängenagel mit Federstecker und Befestigungskette.

Blechglocke am Schalthebel

Die Blechglocke hat die Aufgabe, kein Wasser in das Getriebe eindringen zu lassen. Sie ist somit ein wichtiges Bauteil, auf das nicht verzichtet werden kann. Des Weiteren ist diese Glocke in einwandfreiem, schön lackiertem Zustand auch ein Blickfang. Ist die Glocke verbogen oder eingerissen, sollte auf eine Reparatur nicht verzichtet werden.
Mit zwei Schweißpunkten am Kragen der Glocke ist sie auf dem Schalthebel fixiert. Einbaumaß der Glocke messen und festhalten. Diese Schweißpunkte abschleifen ohne den Schalthebel zu beschädigen, Glocke mit dem Hammer abklopfen. Schalthebel sandstrahlen und mit Schleifleinwand die Oberfläche fein bearbeiten, so dass die Glocke wieder auf den Schalthebel gepunktet werden kann. Es macht durchaus Sinn, die Glocke 2–3 mm hoch zu nehmen, denn die Kugel-

Schalthebel sandgestrahlt mit abgenommener Glocke.

Glockennachbauten.

37 Schaltknauf.

aufnahme der Schaltdeckel ist im Laufe der Jahre nach unten eingelaufen.

Nun noch einen neuen Schaltknauf und der Schalthebel ist perfekt restauriert.

Blechglocke für den Schalthebel herstellen

Blechronde mit 98 mm ausschneiden und mittig eine Bohrung mit 8 mm setzen.

38 Ronde mit Bohrung.

Ronde und Presswerkzeug mit Lappen sauber abwischen, Ronde und Werkzeug ölen, Ronde einlegen, Niederhalter aufschrauben und Stempel nach unten fahren und im Presswerkzeug den Kragen ausziehen. Presswerkzeug auffahren.

39 Presswerkzeug mit Matritze zum Kragen ziehen.

40 In Matritze eingelegtes Tiefziehblech.

41 Presswerkzeug mit eingelegtem Blech und aufgeschraubtem Niederhalter.

42 Blech mit Kragen nach Pressung mit Stempel des Tiefziehwerkzeuges.

43 Blech nach erstem Tiefziehschritt.

Dieser erste Tiefziehschritt ist abgeschlossen. Die kleine Matritze wird nun gegen das Glockenziehwerkzeug ausgetauscht. Ronde mit Kragen und Presswerkzeug mit Lappen wieder sauber abwischen, Blech und Werkzeug ölen, einlegen, Niederhalter aufschrauben und pressen. Werkzeug auffahren.

44 Stempel und Matritze ohne Niederhalter für den zweiten Tiefziehschritt.

45 Geöltes Blech mit Kragen nach unten einlegen.

46 Presswerkzeug mit eingelegtem Blech und aufgeschraubtem Niederhalter.

47 Blech nach Pressung, Niederhalter schon abgeschraubt.

48 Blech nach zweitem Tiefziehschritt, fertig für die mechanische Nachbearbeitung.

Um den Stabilisierungsrand allseitig optisch gleichmäßig hinzubekommen, unterziehen wir Glocken- und Kragenrand noch einer mechanischen Bearbeitung. Auf der Drehmaschine, eingespannt zwischen Backenfutter und Zentrierspitze, drehen wir die beiden Ränder auf Maß. Dazu benötigen wir Einspannhilfen, um Verformungen an der Glocke während der Bearbeitung zu vermeiden. Nur so ist eine gleichmäßige Bearbeitung möglich.

In das Backenfutter eingespannter Aufnahmedorn mit aufgeschobener Glocke.

Druckstück aus Messing mit Zentrum zur Aufnahme in der Drehspitze.

Fertig eingespanntes Werkstück, bereit zur Weiterbearbeitung.

Eine Kragenverlängerung auf der Drehmaschine abstechen, innen auf den Durchmesser des Schalthebels ausdrehen und entgraten. Danach fertig bearbeitete Glocke und die Kragenverlängerung in einer dafür vorbereiteten Lötvorrichtung zusammenspannen und mit Silberlot verlöten.

Im Backenfutter eingespannte Kragenverlängerung.

Glocke und Kragenverlängerung in Position vor dem Verlöten

Halbfertige und fertige Glocke.

Bedien-, Warn- und Typenschilder

Neue Typen- und Bedienschilder unterstreichen die sorgfältige, bis ins Detail geplante Restauration. Es wäre doch schade, den Gesamteindruck durch desolate, zerkratzte und nicht lesbare Schilder zu schmälern. Das neue Typenschild mit den Daten des Schleppers gravieren und mit den Kerbstiften anbringen. Die Bedien- und Hinweisschilder an der richtigen Stelle montieren.

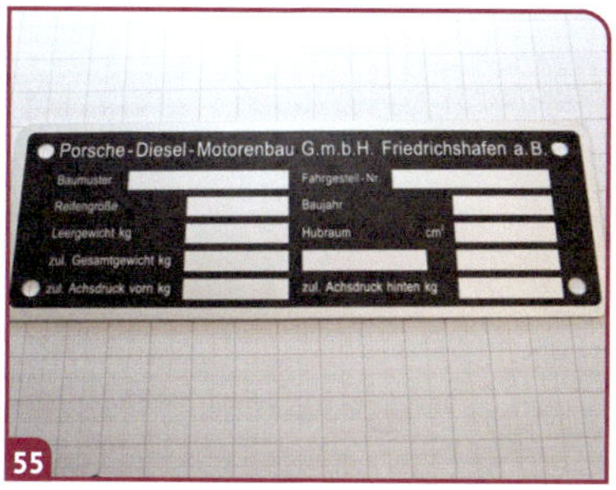

55 Typenschild, noch ohne Gravur.

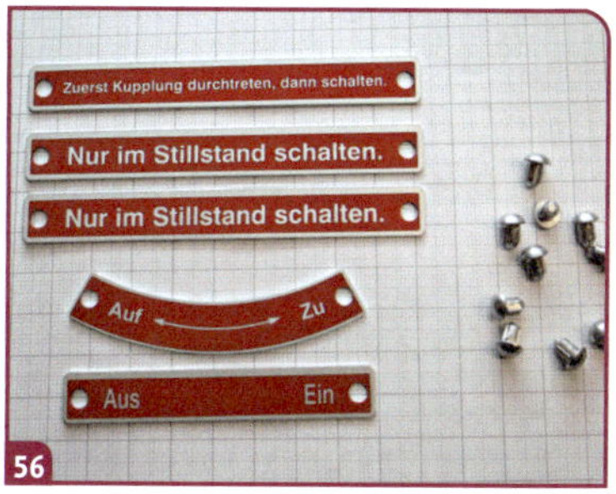

56 Die neuen Bedienschilder mit den Original Kerbstiften sind schon schön.

57 Warnschild Zapfwelle hinten.

Kotflügelhalter hinten
Bei der neuen Ausführung werden alle Befestigungspunkte mit Gummischeiben unterlegt, d.h. unter den Halter, in der Bohrung und unter der Unterlegscheibe. Diese Gummischeiben rund um die Befestigungsschraube dämpfen unerwünschte Schwingungen in bestimmten Drehzahlbereichen ab. Sie lassen sich ganz einfach aus einer 3 mm Gewebegummimatte ausstanzen.
Als Stanzwerkzeug dienen handelsübliche Locheisen. Gestanzt wird auf einer ebenen metallfreien Eichenholzunterlage.

58 Kotflügelhalter mit Dämpfungsgummis und Befestigungsschrauben.

59 Kotflügelhalter vorne.

60 Flachstahlaufstiegshilfe nachgebaut, vor dem Lackieren.

Kotflügelhalteraufnahme bei höhenverstellbarer Vorderachse
Zum Anbau der verschiedenen Vorderradkotflügel, in 16“ und 20“, ausgeführt als Fräs-Schweiß-Teil, beidseitig verwendbar.

Aufstiegshilfe
Sie ist oft verbogen und nicht mehr in die ursprüngliche Form zu bringen.

Desolate, irreparable Armaturenhaube.

Armaturenbretter und Armaturenhaube

Viele Armaturenhauben sind eingerissen, die Befestigungsbohrungen ausgerissen, ja sogar eingedrückte Löcher in den Flächen sind möglich. Solche Armaturenhauben zu reparieren ist immer wieder eine Herausforderung für den Restaurator. In der Regel nicht reparabel sind Armaturenhauben, an denen das Lenksäulenlager herausgerissen wurde.

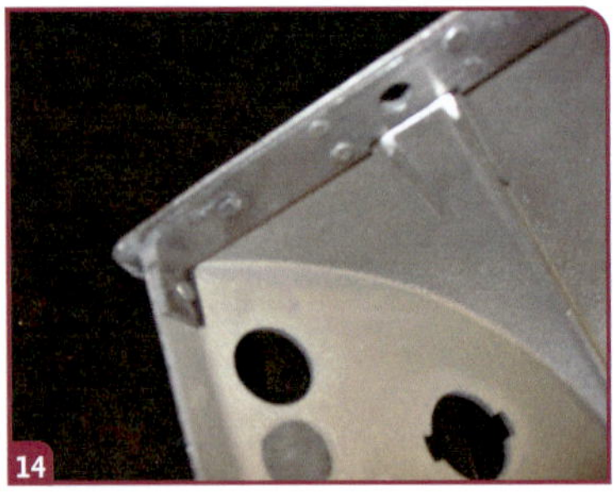

Seitenbefestigung der Armaturenhaube auch in der Ecke versteifen.

Zuerst wird die Armaturenhaube glasperlengestrahlt. Alle Verstärkungsbleche und -streben, die in die Armaturenhaube mit Alu-Vollnieten eingenietet werden, sind aus dem Werkstoff AlMg3. Dieser Werkstoff bietet den Vorteil, dass die Reparaturbleche, auch bei einer Dicke von 2 mm, noch form- und anpassbar sind. Genietet wird mit Senkkopfnieten, Durchmesser 3mm, von außen nach innen.

Eingenietetes Fächenreparaturblech.

Teilreparierte Armaturenhaube.

Sind alle Verstärkungsbleche und -streben in die Armaturenhaube eingenietet 1 + 2 + 14, an allen Nietstellen mit der Fächerschleifscheibe Erhöhungen abschleifen. Danach die metallisch reine Armaturenhaube mit Flüssigmetall abspachteln und schleifen 3.

Gespachtelte Armaturenhaube.

Armaturenhaube mit aufgetragenem Spritzfüller.

Lackierte Armaturenhaube.

Bestückte Armaturenhaube. Nur innen können die Reparaturstellen noch erkannt werden.

Leichtmetallhaftgrund auftragen, Füller auftragen und mit Nassschleifpapier Korn 240 – 320 die letzten Unebenheiten nehmen. Vor dem Lackieren die sechs Ansenkungen in der Armaturenhaube 4 für den späteren Anbau an den Batterie- oder Werkzeugkasten nacharbeiten.

Bohrungen in der Armaturenhaube, die nicht für Instrumente benötigt werden, mit einem Blinddeckel verschließen

Armaturen

Die Grundausstattung an Armaturen, die so genannte Mindestausstattung beinhaltet folgende Geräte:

Fernthermometer

Die verschiedenen Ausführungen unterscheiden sich im Anschlussgewinde des Kapillarrohres. Anschlussgewinde und Gewinde im Zylinderkopf immer zuvor auf Übereinstimmung prüfen. Eine weitere Unterscheidung ist in der Warnfunktion bei überhitztem Motor, es wird bei Übertemperatur einmal auf eine Warnlampe in der Anzeige oder auf das Signalhorn, das ein akustisches Signal abgibt, geschaltet.

Mindestausstattung

- Zündschloss
- Vierfachkontrollleuchte oder Ladekontrolle und Öldruckmanometer
- Glühanlassschalter
- Glühüberwacher
- Blinkschalter
- Warnblinkschalter
- Signalgeber
- Fernthermometer (Motometer)
- Steckdose (+ der Klemme 15)

Die Standardinstrumente sind im Schaltplan und unter Elektrik bereits erwähnt.

Mit folgender Mehrausrüstung konnte der Schlepper auf Wunsch ausgestattet werden:

8

Tankuhr

Tachometer, mit der Übersetzung W, die auf der Rückseite des Tachometers eingeprägt ist, für Porsche Fünfganggetriebe

W 3,3	für Bereifung	8 – 24	bei einer Übersetzung 11 : 49
W 2,9	für Bereifung	8 – 24	bei einer Übersetzung 10 : 39
W 2,7	für Bereifung	10 – 28	bei einer Übersetzung 11 : 49
W 2,7	für Bereifung	8 – 32	bei einer Übersetzung 11 : 49
W 2,6	für Bereifung	11 – 28	bei einer Übersetzung 11 : 49
W 2,4	für Bereifung	10 – 28	bei einer Übersetzung 10 : 39
W 2,4	für Bereifung	8 – 32	bei einer Übersetzung 10 : 39
W 2,0	für Bereifung	13 – 30	bei einer Übersetzung 10 : 39
W 2,0	für Bereifung	11 – 36	bei einer Übersetzung 10 : 39

Tachometer, mit der Übersetzung W, die auf der Rückseite des Tachometers eingeprägt ist, für Master N 408

W 1,02	für Bereifung	13 – 30
W 0,96	für Bereifung	15 – 30

Tachometer

9

Übersetzung auf Tachometer

10

Tachometer, mit der Übersetzung W, die auf der Rückseite des Tachometers eingeprägt ist, für Master A144 und P144

W 0,92 für Bereifung 13 – 30

Betriebsstundenzähler (Horameter)

Eine Zählarmatur, die nur bei laufendem Motor die Zeitstunden zählt. Ein Anschluss erfolgt über die Klemme 61 (blau / rot) der Lichtmaschine und Klemme 31 (braun) Masse.

Betriebsstundenzähler

11

Tankuhr

12

Kraftstoffuhr

Zeigt den Tankinhalt über den im Kraftstofftank montierten Geber an.

Zu beachten sind die Ohmwerte der Armatur, die auf den Geber abgestimmt sein müssen, z. B. in leerem Zustand 65,7 Ohm. Abgleichungen können mittels Einbau eines Widerstandes vorgenommen werden. Anschlüsse Klemme 15 vom Zündschloss (schwarz), Masse Klemme 31 (braun) und vom Tankgeber (blau / schwarz).

Öldruckmesser

Mit einer 6 mm Stahlleitung angeschlossen am Motorenblock an der Hauptölstromleitung der Kurbelwelle. Zeigt den Öldruck in kg / cm² an.

Öldruckmesser

Zeituhr

Ein Anzeigeinstrument, das die aktuelle Tageszeit anzeigt. Diese Anzeige ist ein ständiger Stromverbraucher. Sollten Sie Ihren Oldtimer selten bewegen, empfiehlt es sich, diesen Verbraucher von der Stromversorgung abzuklemmen. Nur dann ist Ihre Batterie auch nach längerer Standzeit noch mit genügend Strom zum Starten geladen.

Zigarrenanzünder

Wird nur in die Versorgungssteckdose eingeschoben.

Reparaturen der Armaturen und VDO Instrumente aller Porsche-Diesel-Traktoren führen z. B. folgende Firmen aus:

Blinddeckel aus Alu mit Befestigungslasche aus Edelstahl.

KA-JA Tacho-Dienst
Industriestraße 4
91077 Neunkirchen

Tel.: 0 91 34 - 99 33 68
Fax.: 0 91 34 - 92 82
ka-ja-tacho@t-online.de
www.ka-ja-tacho.de

Niederhellmann GmbH
Lutz Niederhellmann
Pagenstecherstr. 155
49090 Osnabrück
Tel.:05 41 - 12 87 16
Fax:05 41 - 12 30 08
info@niederhellmann.de
www.fahrtenschreiber-shop.de

Räder bereit zur Demontage.

Felgenbett und Felgenschlüssel

Räder vom Traktor abschrauben und Reifen von der Felge montieren.

Felgen

Felgenschüsseln ausbauen und die zerlegten Felgen sandstrahlen. Nach dem Sandstrahlen die Felgenbette auf Materialstärke und Durchrostung prüfen. Dellen im Felgenhorn ausbeulen. Befestigungsböcke der Felgenschüssel an den Schweißstellen auf Risse prüfen, wenn nötig einschleifen und Reparaturschweißungen vornehmen. Wird die Felge ersetzt, müssen die Aufnahmen für die Radscheibe an die neue Felge angeschweißt werden. Hierzu Felge und Radscheibe so legen und fixieren, dass nach der Schwei-

1

Felgen vor dem Sandstrahlen.

Felge neu, wegen Durchrostung ersetzt, Radscheibe sandgestrahlt.

Lackierte Felge mit neuem Reifen, vorbereitet zur Felgenschüsselmontage.

2

3

4

ßung ein axial und vertikal genauer Rundlauf gewährleistet ist. Schweißungen an diesen Bauteilen nur mit dafür gültigem Schweißnachweis ausführen.

Felgen grundieren, füllern und lackieren.

Wichtig!
Nur Feingewindeschrauben mit passendem Konussprengring verwenden.

5

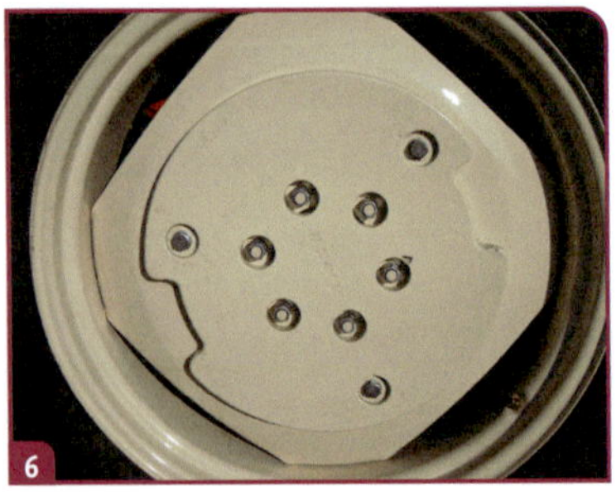

6

Reifen

Rissige und poröse Reifen ersetzen. Verwenden Sie nur die zur Felge passenden Reifen. Ihr Reifenlieferant berät Sie gerne. Vergewissern Sie sich vor dem Reifenkauf, was in den Schlepperpapieren steht. Möchten Sie andere Reifengrößen als eingetragen montieren, lassen Sie sich vom TÜV beraten, was möglich ist und was noch eingetragen werden kann.

Radgewichte

Werksseitig wurden verschiedene Belastungs- und Radgewichte verbaut.

Der Porsche-Diesel mit Hydrostopp fährt sich kinderleicht.

Die Hydrostoppeinrichtung – die „Fast-Fernsteuerung"

Die Hydrostoppeinrichtung wurde als Zusatzausstattung von Porsche-Diesel entwickelt und angeboten. Sie war ursprünglich für Porsche-Traktoren mit ölhydraulischer Strömungskupplung konzipiert, später auch für Typen ohne Strömungskupplung. Die Hydrostoppeinrichtung gab es für die Typen Junior, Standard, Super und Master.

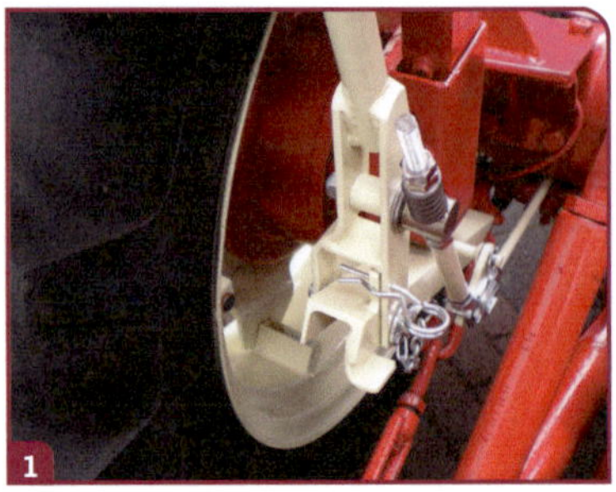

Brems-, Kupplungs- und Gasbetätigung.

Umlenkhebel mit Tellerfedern und Einstellmöglichkeit.

Einstellung:

In Mittelstellung Standgas für den Motor und Bremsen frei.
Nach oben gedrückt, Gas geben, Erhöhung der Motordrehzahl.
Nach unten gedrückt, Bremse fest, Hebel bleibt unten über Todpunktarretierung stehen.
Die richtige Einstellung erfolgt über die Gewindestange am hinteren Umlenkhebel, auf der sich die zum Ausgleich montierten gegeneinander gelegten Tellerfedern befinden.

Hydraulik

Mit Hilfe der Hydraulik können Anbaugeräte und Lasten vom Traktor am Heck, in Front und im Zwischenbereich aufgenommen werden. Die Arbeitsgeräte lassen sich heben, senken, halten und führen. Was vor der Hydraulik in mühevoller schweißtreibender Handarbeit erledigt werden musste, übernimmt nun die Hydraulikpumpe mit ihren Komponenten, die sich fingerleicht und zielgenau steuern lassen. Ein Zwerg mit Riesenkräften, die Hydraulikanlage.

Hydraulikpumpe

Nach Möglichkeit Hydraulikpumpe nicht öffnen. Bei Druckverlust an der Pumpe und bei Undichtigkeiten Pumpe ersetzen. Bei Ersatzbeschaffung auf die Drehrichtung achten.

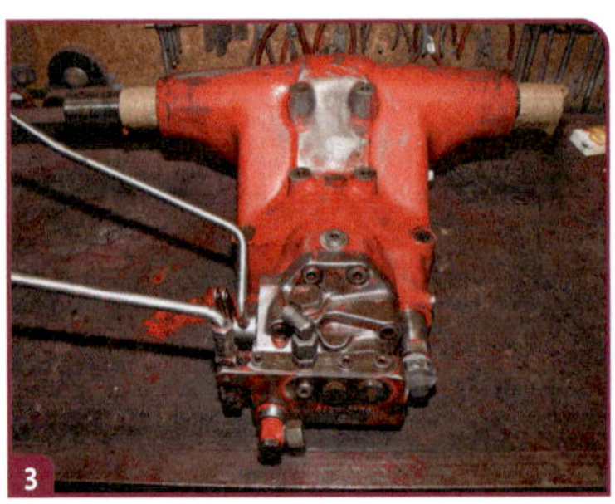

Generalüberholter Kraftheber mit angebauten Steuerventilen 700 mkg.

Hydraulikblock (700 mkg)

Die Hydraulik hebt nicht mehr richtig aus, senkt ab und aus mehreren Leckagen tropft das Öl.

Diagnose: Generalüberholung
Für einen 50-jährigen Einsatz ist der Zustand nichts Außergewöhnliches. Bevor wir den Hydraulikblock demontieren, reinigen wir den Traktor gründlich mit einem Dampfstrahler auf einer befestigten und mit einem Ölabscheider versehenen Waschplatte. Danach blasen

Überprüfen der Hydraulikanlage

- Sind Lecktagen sichtbar?
- Ist genügend Hydrauliköl in der Anlage?
- Wurde das richtige Öl (vorgeschriebene Viskosität und Spezifikation) verwendet?
- Sind die Filter und Siebe noch durchlässig?
- Wie verschmutzt ist das Öl?
- Schäumt das Öl auf?
- Sind alle Leitungsverbindungen dicht?
- Kann die Anlage im Ansaugbereich Luft ziehen?
- Senken sich die Unterlenker unter Last im Stillstand ab?

wir die Bauteile trocken. Sind alle Öle abgelassen, beginnen wir mit der Demontage der Hydraulikanlage.
Kraftheber zerlegen und zusammenbauen.
Zuerst bauen wir die Hydraulikleitungen ab. Danach nehmen wir den kompletten Hydraulikblock, dem wir bereits vor der Heißwasserreinigung den Fahrersitz abschraubten, vom Getriebeblock ab auf die Werkbank.
Es empfiehlt sich, alle Schrauben, Stopfen und den Bedienhebel des Steuerschiebers bereits vor dessen Demontage vom Hydraulikblock zu lösen.
Alles wird komplett zerlegt. Die einzelnen Bauteile des Steuerschiebers und des Hydraulikblockes werden in der Reihenfolge auf vorbereitete saubere Lappen abgelegt.

Werkzeuggrundausstattung für eine Generalüberholung.

Werkzeug

- Ringschlüssel gekröpft 24 mm
- Gabelschlüssel 17, 19, 22, 24 und 32 mm
- Knebel, lange Verlängerung und Sechskantstecknuss 14 mm
- Inbusschlüssel 8, 9 und 10 mm
- Hammer 300 und 500 g
- Kunststoffhammer
- Alu-, Messing- oder Kupferdorn ca. 20 mm Durchmesser, ungefähr 200 mm lang
- Körner
- Meißel
- Stemmer
- Splintentreiber 9 mm
- Seitenschneider

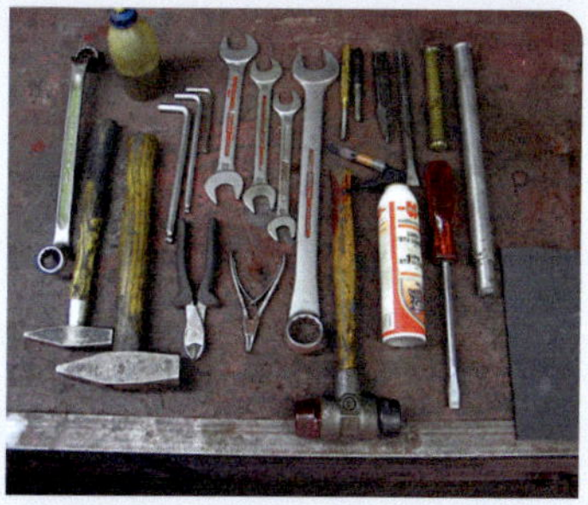

- Seegerringzange
- Schraubendreher
- Nassschleifpapier Korn 240
- Montageöl
- Dichtungsmasse
- 7 l Hydrauliköl SAE 20

Abgebautes Krafthebergehäuse 450 mkg.

4

Verschlussstopfen lösen.

5

Bedienhebel mit zwei Hämmern lösen.

6

Gereinigte Teile, vorbereitet für den Zusammenbau.

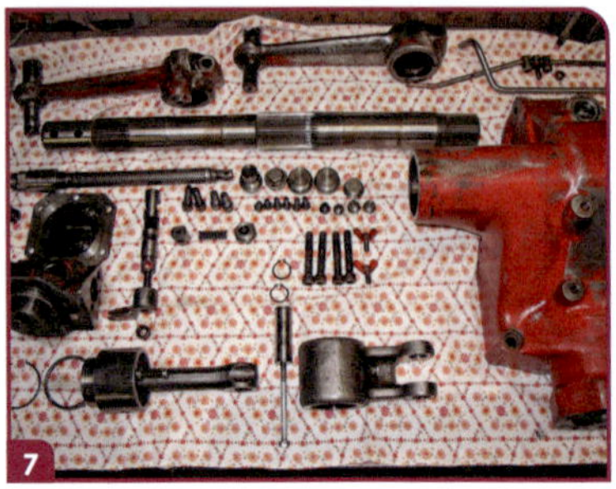

7

Achtung!
Denken Sie daran, dass Sie zum Abtreiben des zweiten Hubarmes einen Helfer bemühen, der die Hubwelle gegenhält.

Alte Dichtringe, O-Ringe und Dichtungspapier abkratzen und entfernen. Lauf- und Anlageflächen werden mit einem feinen Nassschleifpapier (Korn 400) unter Zugabe von Öl gereinigt und geglättet. Alle Einzelteile gründlich mit einem Teilewaschmittel reinigen und abtropfen lassen.

Wichtig! Kein wasserhaltiges Reinigungsmittel verwenden – Korrosionsgefahr.

Selbstgebaute Abziehvorrichtung für festsitzende Hubarme, Ansicht von hinten.

8

Selbstgebaute Abziehvorrichtung für festsitzende Hubarme, Ansicht von vorne.

9

Stellung Hubarme zur Hubwelle beidseitig mit einem Körner kennzeichnen. Bedienungshebel und Anschlagstangen lösen und abnehmen. An den Hubarmen die Klemmschrauben lösen und die Hubarme von der Hubwelle abtreiben oder abziehen.

Kolbenbolzen ausziehen.

10

Nun den Kraftheberblock drehen und den Abschlussdeckel abschrauben. Auch den einstellbaren Hubbegrenzungsanschlag auf dem Abschlussdeckel abschrauben. Sicherungsring im Kraftarm herausnehmen, Bolzen mit einer M8-Schraube seitlich durch Ölablassschraube herausziehen (Bolzen kann auch anstelle eines Sicherungsringes mit einer Madenschraube gesichert sein).

Achtung!
Beim Zusammenbau ist auf die Lage der Aussparung im Kolbenarm, in einer Ebene zum Hubbegrenzungsventil nach unten zu achten, damit das Ventil auf den einstellbaren Anschlag treffen kann, ohne dass der Kolbenarm den Anschlag berührt.

Hubwelle vorsichtig seitlich ausschieben und Kraftarm herausheben. Radialdichtungen der Hubwelle aus dem Gehäuse schlagen. Nun den bereits von den Befestigungsschrauben gelösten Zylinderdeckel mit einem Gummihammer von der Passung lösen und abnehmen. Kolben mit Kolbenstange herausziehen.

Den Sprengring auf dem Kolben demontieren. Nut- und Stützring abnehmen und mit einem 9mm Splintentreiber den Schwerspannstift aus dem Kolben treiben.

Hubbegrenzungsventil und Kolbenstange in richtiger Lage.

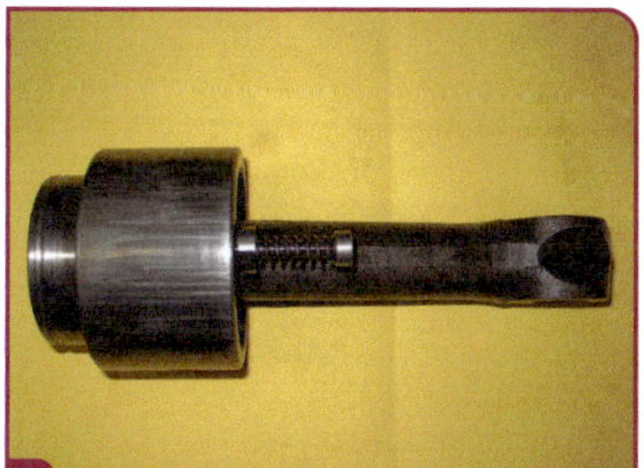
11

Beachten Sie: Der Schwerspannstift darf bcim Hub nicht belastet werden. Kugel der Kolbenstange drückt in die Pfanne des Kolbens, der Spannstift bleibt unbelastet.

Sicherungsring für Feinsteuerventil ausbauen, Feinsteuerventil mit Feder mittels Aufstoßen des Steuerkopfes auf ein Holz herausfallen lassen. Verschlussstopfen für Anschlagraste mit kurzen satten Schlägen auf einen Messing- oder Aludorn vertikal auf den Verschlusstopfen lösen, sodann mit einem Gabelschlüssel ausschrauben. Anschlagraste mit Feder nach oben ausnehmen. Steuerschieber herausziehen und Überdruckventil ausschrauben.

Prüftipp: Alle Einzelteile einer Sichtprüfung unterziehen, auf Verschleiß und Beschädigungen genauestens untersuchen.

Alle scharfen Kanten entgraten, Lauf- und Anlageflächen mit einem feinen Nassschleifpapier (Korn 400) unter Zugabe von Öl reinigen und glätten. Erst danach einer gründlichen Teilereinigung unterziehen.

Montagewerkzeug für Radialdichtring der Hubwelle.

Abgeklebte Hubwelle mit Montagewerkzeug.

Der Zusammenbau erfolgt nun in umgekehrter Reihenfolge.

Montagetipp: Radialdichtungen immer mit einem Montagedorn einbauen 12.

Feinverzahnung der Hubwelle beim Einführen in das Gehäuse zum Schutz der Dichtlippe des Radialdichtringes abkleben 13.

Nutringe, O-Ringe, Stützringe und Radialdichtringe zum Aufziehen und Einführen stets gut ölen 14.

Nur öl- und fettfreie Dichtflächen mit Dichtungsmasse bestreichen 15. An Befestigungen mit Durchgangsgewinde zu ölführenden Räumen sind alle Durchgangsstellen sorgfältig und beidseitig (Schraube, Gewinde und Auflageflächen) mit Dichtungsmasse zu versehen.

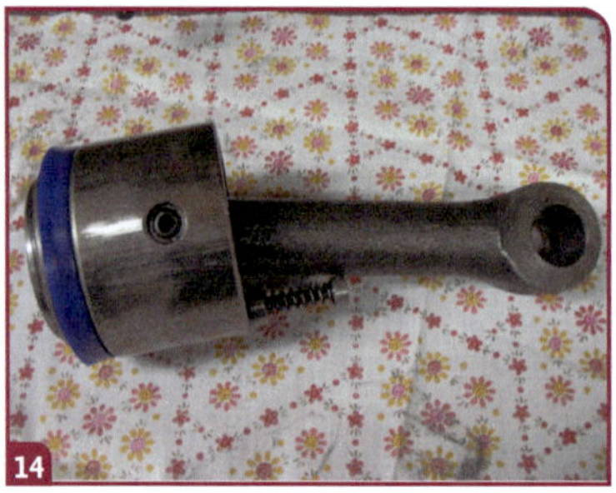

Eingeölter, auf den Kolben montierter Nutring.

Mit RTV-Silikon bestrichene Dichtfläche.

Kontrolle und Einstellung der Hubbegrenzung

Steuerschieber auf „Senken“ stellen und Haubarme langsam von Hand noch oben bis zu Anschlag anheben. Diese Endstellung mit Meißel und Hammer an Hubarm und Gehäuse markieren. Das Hubbegrenzungsventil nun 10mm vor der eingeschlagenen Markierung öffnen. Korrekturen werden mittels Langloch am Verschlussdeckel vorgenommen.

Steuerschieber auf „Heben“ stellen, Hubarme hochfahren lassen. So muss der Steuerschieber automatisch 10mm vor Erreichen der Mar-

Druckbegrenzungs-ventil-Einstellschraube (Schlitzschraube) an einem ausgebauten Steuerblock.

kierung in 0-Stellung springen. Zur Korrektur wird der Stellring auf der Anschlagstange versetzt und neu verstiftet.

> **Wichtiger!**
> Gegen Überdruck darf nur kurzzeitig gefahren werden. Nötigenfalls muss der Arbeitsdruck Soll 100 bar durch Eindrehen der Druckeinstellschraube erhöht und durch Ausdrehen verringert werden.

Überdruckventil einstellen
Manometer aufschrauben, Hubstreben beidseitig feststellen, Steuerhebel auf „Heben“ stellen. Die Hydraulikanlage fährt gegen das Überdruckventil, der eingestellte Druck kann auf dem Manometer abgelesen werden.

Zusatzsteuergerät
Am Zusatzsteuergerät alle Schrauben und Stopfen lösen, dann vom Hydraulikblock abschrauben.

Alle Schrauben, Stopfen und Bolzen demontieren.

Wichtig! Arretierbolzen herausnehmen bevor der Steuerschieber ausgezogen oder durchgedrückt werden kann.
Alle Teile reinigen, O-Ring des Steuerschiebers austauschen, mit neuen Dichtringen wieder zusammenbauen.

Zusatzsteuergerät zum Bearbeiten, zwischen Alubacken in den Schraubstock gespannt.

In alle Einzelteile zerlegten Steuerschieber.

Fertig montiertes Zusatzsteuergerät.

Abgebauter Kraftheber.

Kraftheber 400 mkg überholen

Eine drehbare Montagevorrichtung erleichtert die Reparatur der Schlepperhydraulik. Mühelos kann damit der Hydraulikblock in die optimale Stellung gedreht werden.

Montagevorrichtung, eingesetzt zur Demontage (auch bei 700 mkg Hydraulik).

Kinderleicht lässt sich der Kraftheber mit der Montagevorrichtung zusammenbauen (auch bei 700 mkg Hydraulik).

Achtung! Der Kraftheber 400 mkg kann nur im ausgebauten Zustand zerlegt und zusammengebaut werden. Es empfiehlt sich, die Schrauben des Zylinderdeckels (Steuergerät) vor dem Abbau zu lösen. Der Zylinderdeckel kann auch in eingebautem Zustand entfernt werden.

Beide Hubarme abziehen, dazu ausstehende Hubwelle von Lack und Rost mit Schleifleinwand säubern.

Werkzeug

- Ringmutterschlüssel 10 mm
- Maulschüssel 32 mm
- Steckschlüssel 14,19 mm
- Inbusschlüssel 9 mm
- Hakenschlüssel
- Seitenschneider
- Seegerringzange
- Splinttreiber 7, 10 mm
- Hammer
- Kupfer- oder Messingdorn
- Kunststoffhammer
- kleiner Schraubendreher
- Lappen

Siebsystem ausbauen (Hakenschlüssel), Anschlagstange an der Spannhülse aushängen (Seitenschneider), Zylinderdeckel abschrauben (Steckschlüssel 19 mm).

Achtung! Beim Anziehen der Schrauben für den Zylinderdeckel zuerst die beiden mittleren Schrauben leicht anziehen, danach über Kreuz alle Schrauben gleichmäßig festziehen.

Zylinderdeckel abnehmen, mit Kunststoffhammer lockern, keinen scharfkantigen Schrauben-

Hubarme mit hydraulischem Abzieher demontieren.

Abgeschraubter Zylinderdeckel (Steuergerät).

Zylinderdeckel, gut sichtbar die beiden mittleren Schrauben.

dreher oder Meißel zwischen Zylinderkopf und Hydraulikblock klopfen. Kraftheber drehen und Abschlussdeckel für Gehäuseboden abschrauben. Markierungen an Deckel und Gehäuse erleichtern den Zusammenbau (Steckschlüssel 14 mm).

Abschlussdeckel für Gehäuseboden.

Achtung! Der Abschlussdeckel trägt den Anschlag für die Hubbegrenzung. Die Einstellung des Anschlags erfolgt durch Entsichern und Lösen der Halteschrauben sowie Verschieben des Anschlags nach vorne oder hinten (siehe auch gleiche Arbeit für Kraftheber 700 mkg).

Seegering auf Bolzen für Kraftarm abnehmen (Seegerringzange), Bolzen aus Kraftarm und Kolbenstange herausdrücken.

Achtung! Der Bolzen kann, wenn schwergängig, zum Montageloch gegenüber dem Sitz des Magnetfilters herausgeholt werden. Schraube M 6 x 100 in Bolzen einschrauben und Bolzen herausziehen. Beim Einbau des Bolzens darauf achten, dass das Gewindeloch im Bolzen wieder zu dem Montageloch hin zeigt.

Mit Schraubendreher Bolzen gegenhalten und Sicherungsringe mit abgewinkelter Sicherungsringzange in die Nut einfügen.

Kolben mit Kolbenstange nach vorne herausführen, Kraftheber umdrehen, Verschluss-Schrauben und Entlüftungsschraube aus Gehäuse ausschrauben (Ringmutterschlüssel 10 mm).

Achtung! Die Schraube mit den Durchbohrungen ist die Entlüftungsschraube. Sie darf nicht gegen eine Verschluss-Schraube ausgetauscht werden.

28 Verschlussschrauben und Entlüftungsschraube ausgedreht.

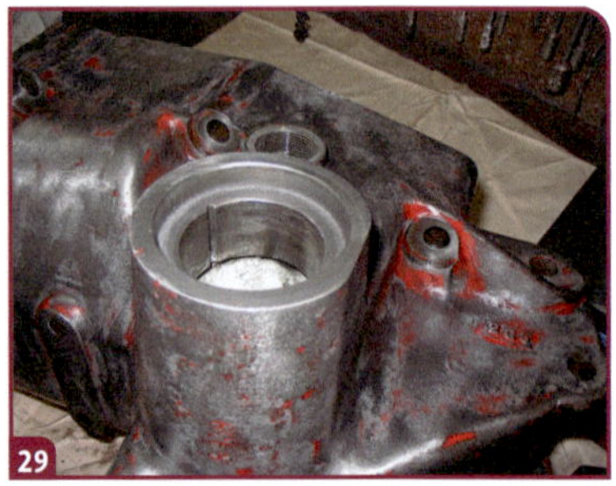

29 Hydraulikblock, sichtbar Hubwellenlagerung und Dichtringsitz.

Spannstifte aus Hubarm und Hubwelle austreiben (Hammer, zuerst Splinttreiber 7, dann Splinttreiber 10 mm), Hubwelle durchschieben. Alten Radialdichtring entfernen, Lagerung der Hubwelle mit feinen Schleifpapier abziehen, Dichtringsitz reinigen.

Zylinder ausbauen (Hammer, Kupferdorn)
Beim Einbau des Zylinders darauf achten, dass der Zylinder mit der Planfläche des Hydraulikblockes auf gleicher Höhe oder minimal darunter liegt.
Ist der Dichtring, der den Hydraulikblock zur Zylinderbuchse und zum Zylinderkopf abdichtet, nicht lieferbar, kann auf zwei O-Ringe ausgewichen werden. Überstand sollte aber + 0,5 mm betragen.

30 Zylinder von Hand ganz aus dem Hydraulikblock nehmen.

31 Zylinder ist mit der Planfläche des Hydraulikblockes auf gleicher Höhe.

32 Zwei O-Ringe anstelle des Flachdichtringes.

Kolben so einbauen, dass das Hubbegrenzungsventil unten liegt.

33

Kolben und Kolbenstange sind genauso zu behandeln wie Kolben und Kolbenstange für Heber 700 mkg.
Nur die Dichtringe unterscheiden sich, hier sind drei O-Ringe auf dem Kolben montiert. Zur Montage des neuen Dichtrings überzeugen, dass Kolben gratfrei und gut geölt ist, sodann die Dichtringe von Hand aufziehen, keinesfalls scharfkantige Hilfsmittel verwenden. Nötigenfalls Hilfsmittel zuvor entgraten.

Kolben ölen und neue Dichtringen aufziehen.

34

Kolben mit aufgezogenen Dichtringen.

35

Dieses Feinsteuerventil ist ebenfalls wie das Feinsteuerventil des Heber 700 mkg, zu behandeln.

Das Überdruckventil sitzt je nach Ausführung
in einer Bohrung neben dem Steuerschieber,
in einer Bohrung neben dem Siebfilter,
in beiden Bohrungen.

Das Überdruckventil ist zugänglich nach Ausbau des Verschlussstopfens (Inbusschlüssel 9 mm). Nach- bzw. Einstellung nur mit Manometer, eingeschraubt in den Zylinderkopf oben.
Verschluss-Schrauben für Anschlagraste ausschrauben (Maulschlüssel 32 mm). Feder und Anschlagraste herausheben. Steuerschieber herausziehen.

Überdruckventil befindet sich an diesem Steuerventil unter dem Stopfen vor dem Steuerhebel.

36

Achtung! Einbau des Steuerschiebers wie Steuerschieber für Heber 700 mkg. Abdichtring bei Aus- und Einbau des Steuerschiebers durch dünnes Blech oder Zeichenkarton schützen.

Leeres Hydraulkgehäuse auf dem Teilewaschgerät.

Innereien des Krafthebers auf dem Teilewaschgerät.

Beim Ausbau des Steuerschiebers ohne Ausbau des Feinsteuerventils Handhebel auf Senkstellung einstellen. Um Beschädigungen zu vermeiden, wird empfohlen, das Feinsteuerventil auszubauen.

Der Zusammenbau erfolgt in umgekehrter Reihenfolge. Prüfung mit Einstellung siehe unter Seite 100/101.

Was prüfe ich nach einer Überholung?

- Arbeitsdruck der Anlage
- Öffnungsdruck des Überdruckventils
- Öltemperatur der Anlage
- Dichtheit und ordnungsgemäßes Arbeiten der Anlage.

Erst wenn der Schlepper betriebsbereit ist, kann die Hydraulikanlage geprüft und eingestellt werden.

Überholte Hydraulik, aufgebaut auf das Getriebe von hinten.

Überholte Hydraulik, aufgebaut auf das Getriebe von rechts.

Überholte Hydraulik, aufgebaut auf das Getriebe von links.

Anschluss für Manometer zur Druckprüfung oben am Zylinderkopf.

Lackieren – Topp Technik benötigt Topp Optik

Altlack entfernen

Besonders gut eignen sich Scotch-Brite Produkte zum Entfernen von Werksgrundierung, Altlack, Rost, Unterbodenschutz und Steinschlagschutzschichten sowie Dichtungsmassen in schwer zugänglichen Bereichen. Das eingebundene Schleifmaterial beim Scotch-Brite TM-Schleifvlies bleibt dauerhaft scharf und verhindert ein störendes Zusetzen. Die hohe Flexibilität lässt einen optimalen Einsatz selbst an kritischen Stellen wie Falzen, Ecken und Vertiefungen oder auch an scharfen Ecken und Kanten wie Karosserie-Innenteilen zu. Es können mühelos gratfreie Oberflächen ohne scharfe oder tiefe Kratzer erzeugt werden. Scotch-BriteTM garantiert eine hohe Schleifleistung sowohl beim Mattieren von Altlacken und Aluminium als auch beim Anrauen oder Mattieren vor dem Lackauftrag. Es ist hervorragend geeignet zum Mattieren des Beispritzbereichs, gerade bei kritischen Tönen. Mit dieser innovativen Bürste, welche in Druckgusstechnik gefertigt wird, gehört mühevolles Entlacken per Hand an schwierigen

Stellen der Vergangenheit an. Die kleine, feine Bürste arbeitet sehr filigran – aber nicht weniger effektiv. Mit rotierenden Drahtbürsten kann ebenso effektiv gearbeitet werde, nur die Oberflächen an Kanten und Ecken neigen gerne zur Riefenbildung.

1 Vorbereiten für die bevorstehende Lackierung. Nur noch verschiedene Bauteile abkleben und schon kann grundiert werden.

Sandstrahlen

Oberflächen für die Weiterverarbeitung bestmöglich vorbereiten, wie entlacken, entrosten und entfetten. Gut geeignet für die meisten Anbauteile, Blech, Hauben, oxidierte Aluteile usw.

Wichtig! Lagersitze, Gewindebolzen, Innengewinde, Passungen, Planflächen und Hohlräume vor dem Strahlen sauber verschließen. Besondere Vorsicht ist geboten bei Motorengehäusen, Getriebegehäusen und Hydraulikblöcken. Wenn möglich anderweitig bearbeiten.

Gute Sandstrahlarbeit zeichnet sich durch schonende Materialbehandlung, saubere Flächen und gleichmäßige Oberflächenstruktur aus. Das ist aber nur bei behutsamer Handhabung und richtiger Strahlmittelwahl zu erreichen. In der Regel wird ein autorisierter Fachbetrieb eine dem Bauteil entsprechende Beratung zur bestmöglichen Vorbereitung abgeben können.

Grundierungen, Spachtel und Füller, Farben und Lacke

Grundierung, Spachtel, Füller

Grundierung (auch Primer genannt) ist als Rostschutz notwendig, um auf blankes Blech zu lackieren oder wenn Schleifstellen durch den bestehenden Lack bis auf das Metall gehen.

Füller verwenden wir dazu, kleinere bis mittelgroße Unebenheiten (z. B. Steinschlag, Kratzer) in der Oberfläche auszugleichen, um einen perfekten ebenen Untergrund für den Decklack zu schaffen. Es muss so viel Füller aufgetragen werden, dass nach dem Schleifen eine ganz glatte und ebene Oberfläche entsteht.

Der Spachtel dient dazu, Unebenheiten, in der im Vorfeld verzinnten Oberfläche auszugleichen. Der Spachtel darf nicht auf 1K-Produkte wie Grundierungen direkt aufgetragen werden.

2 Mit Primer grundierte Antriebseinheit, Motor und Getriebe.

Gespachtelte Flächen behalten auch nach dem Schleifen eine leicht porige Oberfläche. Es muss also ein 2 K H S-Füller vor und nach dem Spachteln aufgetragen werden.

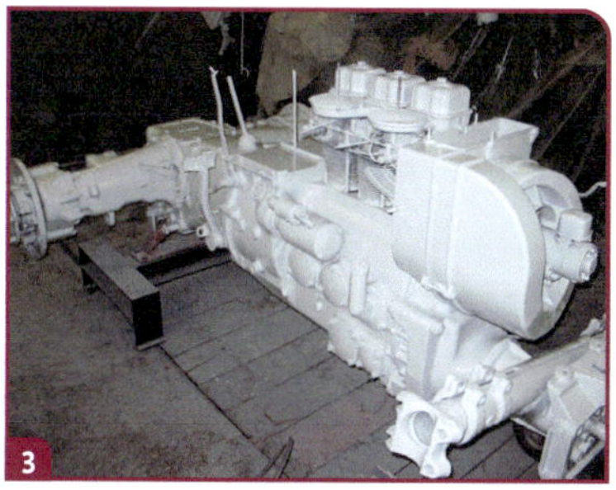

Ein mit Füller gespritzter Porsche-Diesel-Oldtimer.

Lackfarben

Im Zweischicht-System werden Basislack (Farbe) und Klarlack (Schutz und Glanz) getrennt aufgetragen. Metallic- und Perleffekt-Farben können nur im Zweischicht-Verfahren lackiert werden. Die Zweischicht-Lackierung ist in jeder Hinsicht der Einschicht-Lackierung überlegen. Die Basislacke sind immer spritzfertig, d. h. es muss in der Regel keine Verdünnung zugegeben werden. Bei den Klarlacken unterscheidet man zwischen MS- und HS-Klarlacken. Beim Einschicht-System gibt es nur eine Lackschicht für Farbe und Schutz-Funktion. Dieses System wird in der Serie schon seit Jahren bei den Pkws nicht mehr, bei Landmaschinen nur noch vereinzelt verwendet, da es bezüglich Schutz, Farbbeständigkeit, Polierbarkeit etc. dem Zwei schicht-System deutlich unterlegen ist.

Mit Kunstharzfarbe lackierte Porsche-Diesel Teile.

Kunstharzlacke gelten durch ihre Elastizität mit Härte als stoß- und schlagfeste Lacke. Außerdem zeichnen sie sich durch schnelle Trocknung, ausgezeichneten Glanz und gute Wetterbeständigkeit aus. Die KH-Lacke trocknen durch Verdunsten der Lösungsmittel und Oxydation der öligen Bestandteile. Kunstharz-Lacke sind nach dem Trocknen irreversibel und daher gut überlackierbar.
Für die Restauration der Porsche-Diesel-Oldtimer verwenden wir nach Möglichkeit den originalgetreuen Kunstharzlack in RAL-Tönen.

PORSCHE-DIESEL	**RAL-Töne**	
Farbton Rot	Karminrot	RAL 3002
Farbton Gelb	Elfenbein	RAL 1014

ALLGAIER SYSTEM PORSCHE RAL-Töne		
Farbton Grün / Laubgrün		RAL 6002
Farbton Orange Signalorange		RAL 2010
Farbton Schwarz	Tiefschwarz	RAL 9005

SERVICE-FAHRZEUGE	HINWEISSCHILDER	RAL-Töne
Farbton Blau	Signalblau	RAL 5005

Die RAL-Farben mit der vierstelligen Nummer sind seit über 70 Jahren ein Maßstab für Farbgebung. Die anfänglich 40 Farben umfassende Farbsammlung wuchs im Laufe der Jahrzehnte auf über 200. Die Basissammlung für matte Farbtöne ist das Register RAL 840-HR, für glänzende Farbtöne das Register RAL 841-GL. In den Basissammlungen RAL 840-HR und RAL 841-GL sind Farben hinterlegt, die z. B. von wichtigen Institutionen benutzt werden oder für bestimmte Zwecke von allgemeinem Interesse sind. Sie werden laufend den Erfordernissen der Industrie angepasst. Durch diese Sammlungen wird ein breites Anwendungsspektrum abgedeckt. Die Register dienen als Farbvorlage für Gestaltungen, beinhalten aber auch Sicherheits- und Signalfarben.

Lampen lackieren

Lampengehäuse, Lampenringe und Befestigungszubehör zum Lackieren mit mehreren Nägeln auf einem Brett fixieren.

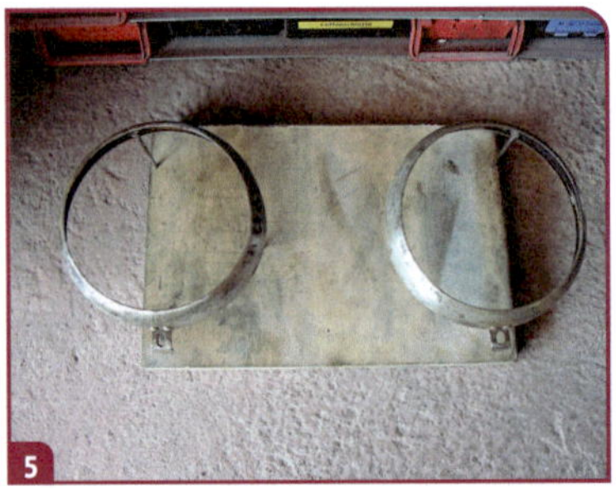

5 Lampenringe vorbereitet zum Grundieren.

6 Lampengehäuse vorbereitet zum Grundieren.

7 Lampenringe lackiert.

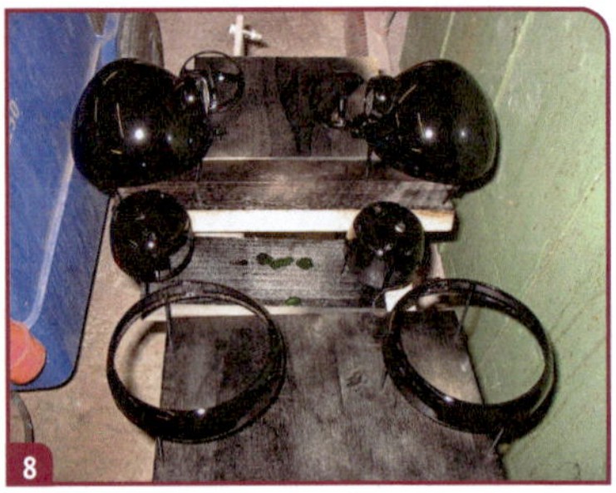

8 Lampen lackiert.

Hochgeklapptes Armaturenbrett.

Die Elektrik mit Blink-Bremsleuchten

Wie verkable ich meinen Oldtimerschlepper von Grund auf richtig?

Elektrische Anlage

Zur Versorgung der elektrischen Anlage im Schlepper ist elektrische Energie nötig. Sie wird bei stehendem Motor einer Batterie entnommen. Bei laufendem Motor wird ein Generator angetrieben, der die Verbraucher mit elektrischer Energie versorgt und gleichzeitig die Batterie auflädt.

Merke: Elektrischer Strom ist Elektronenbewegung. Die Stromstärke I gibt die in einer Zeiteinheit bewegte Elektronenmenge an. Die Spannung U ist der Elektronendruckunterschied zwischen zwei Polen. Der Widerstand R kommt daher, dass im Leiter der Elektronenbewegung Widerstand entgegengesetzt wird. Der spezifische Widerstand Ω gibt an, wie viel Widerstand ein Draht aus einem bestimmten Material von $1 mm^2$ Querschnitt und 1m Länge hat. Je größer der Querschnitt, desto kleiner der Widerstand, je größer die Länge, desto größer der Widerstand.

Der Oldtimer hat ein am Fahrzeug verteiltes eigenes kleines Elektrizitätswerk. Dies besteht aus einem komplizierten Stromnetz mit einer Menge von Verbrauchern. Der elektrische Strom wird in der Lichtmaschine erzeugt, die durch den Motor in Umdrehung versetzt wird. Die Lichtmaschine ist daher ein Generator, der natürlich nur dann Strom abgibt, wenn er durch Fremdkraft in Umdrehung versetzt wird. Sie ist der einzige Stromerzeuger in unserem Netz, alle anderen elektrischen Einrichtungen im Netz sind Stromverbraucher oder Stromabnehmer, wie der Anlasser, die Beleuchtung, die Kontrollinstrumente, die Glühkerzen, das Signalhorn, die Blinkleuchten und auch die Batterie.

Der Stromerzeuger im Kraftfahrzeug ist die Lichtmaschine, die vom Motor über einen Keilriemen oder direkt axial angetrieben wird. Sie muss alle Verbraucher (früher nur die Fahrzeugleuchten; daher der Name Lichtmaschine) mit elektrischer Energie versorgen und die Batterie laden. Die unterschiedliche Drehzahl des Motors ergibt eine recht unterschiedliche Leistung der Lichtmaschine.
Die Stromabnahme ist je nach Anzahl der eingeschalteten Verbraucher recht verschieden, genauso wie der Ladezustand der Batterie. Ein Reglerschalter, der in die Lichtmaschine eingebaut oder angebaut sein kann oder ein eigenes Bauelement ist, muss dafür sorgen, dass trotz der großen Drehzahländerungen und der starken Belastungsschwankungen die Spannung stets in benötigter Größe gehalten wird. Dies muss selbsttätig erfolgen.
Die in der Lichtmaschine erzeugte Spannung ist dem Produkt aus Drehzahl und Erregerstrom verhältnisgleich. Man kann daher trotz veränderter Drehzahl die Spannung auf gleicher Höhe halten, wenn man den Erregerstrom entsprechend ändert. Dies geschieht durch den Regler. Damit sich die Batterie bei Stillstand des Motors nicht über die Lichtmaschinenwicklungen entlädt, ist ein Selbstschalter eingebaut. Regler und Schalter bilden ein Bauelement.
Bei Stillstand des Motors muss die Batterie die elektrische Energie liefern, um die Verbraucher zu versorgen. Beim Anlassen des Motors kommt der Strom für den Anlasser und für die Zündung aus der Batterie. Der Energieverbrauch dabei ist beträchtlich, so dass er nach dem Anlassvorgang durch das Aufladen durch die Lichtmaschine wieder ersetzt werden muss.
Verbrennungsmotoren können nur mit fremder Hilfe angelassen werden. Deshalb besitzen auch heute noch viele Kraftfahrzeuge Andrehkurbeln, durch die man die Kurbelwelle und damit den gesamten Motor, auch die Lichtmaschine, in Bewegung setzt, bis die Zündung des Kraftstoff-Luft-Gemisches erfolgt. Die Aufgabe der Andrehkurbel übernimmt der Anlasser. Er muss mit entsprechend großem Drehmoment eingreifen, um die beträchtlichen Reibungswiderstände und die Kompression besonders bei kaltem Motor zu überwinden und eine

Mindestdrehzahl des Motors zu erreichen. Durch Einschalten des Anlassers greift ein kleines Ritzel in den großen Zahnkranz des Schwungrades, wodurch eine große Übersetzung erreicht wird. Das Ritzel muss aber sofort wieder ausrasten, wenn das Schwungrad durch das Anspringen des Motors eine höhere Umfangsgeschwindigkeit als das Ritzel aufweist, da durch die hohe Übersetzung der Anlasseranker bei voller Drehzahl des Motors unzulässig hohe Drehzahlen erreichen würde.
Innerhalb des Schaltkastens werden alle elektrischen Vorgänge veranlasst, da alle Stromkreise dort unterbrochen sind. Zum Einschalten dient der Schaltschlüssel, auch Zündschlüssel genannt, der nur auf Stellung 0 eingesteckt und abgezogen werden kann.

1 Zündschloss.

Bereits beim Einstecken des Schlüssels leuchtet die Ladekontrolllampe (rot) auf. Sie zeigt an, wenn die von der Lichtmaschine erzeugte Spannung nicht der Batteriespannung gleich ist. Sie muss deshalb bei höherer Motordrehzahl erlöschen. Gleichzeitig erhält der Glühanlassschalter Strom durch den Schaltschlüssel. Er kann durch einen Hebel oder einen Zichknopf betätigt werden. Der Schalter steht grundsätzlich auf 0 und muss gegen eine Federkraft in die weiteren Stellungen gebracht werden. Bei Stellung 0 sind alle Verbraucher stromlos, bei Stellung 1 erfolgt das Vorglühen, wobei der Glühüberwacher aufleuchten muss, bei Stellung 2 muss der Anlasser den Motor starten.

2 Glüh- Anlassschalter.

Die Glühkerze dient als Starthilfe beim Anlassen, sie liefert die benötigte Wärme. Drahtglühkerzen (offene Bauweise) werden hintereinander geschaltet. Fällt eine aus, ist der Stromkreis für alle unterbrochen. Man kann die schadhafte Kerze kurzzeitig überbrücken, damit der Motor läuft. Beim nächsten Werkstattbesuch ist die Glühkerze auszuwechseln. Die Prüfung einer Kerze erfolgt mit einer Batteriezelle von 2 Volt, wobei die Spirale aufglühen muss. Stabglühkerzen (10,5 V) müssen parallel geschaltet werden. Beim Auswechseln von Kerzen ist immer wieder dieselbe Type einzusetzen.

Achtung!
Drehstrom-Lichtmaschinen arbeiten mit Gleichrichtern, die bei Reparaturschweißarbeiten gefährdet sind.

Lichtmaschine

Sie ist ein Spannungserzeuger und hat die gleiche Aufgabe wie ein Generator oder Dynamo. Sie ist als Gleichstrom-Nebenschlussmaschine ausgebildet, d.h. der für die Ausbildung des magnetischen Feldes notwendige Strom wird vom Anker abgezweigt. Dadurch ist zu Beginn der Ankerbewegung nur ein geringes Restmagnetfeld vorhanden, das durch die ansteigende Drehzahl vergrößert werden muss, bis der magnetische Kreis gesättigt ist. Erst dann kann Strom abgegeben werden. Läuft der Anker in verkehrter Richtung, wird das Magnetfeld geschwächt und es kann keine Spannung erzeugt werden.
Lichtmaschinen müssen in Spannung und Leistung zur elektrischen Anlage passen. Die Nennleistung gibt an, wie groß der Strombedarf bei Dauerverbrauch sein darf. Die Höchstleistung bezeichnet die äußerste Dauerleistung, ohne dass die Lichtmaschine Schaden leidet. Die Nenndrehzahl ist die Drehzahl, bei der die Maschine die Nennleistung abgibt. Lichtmaschinen haben, je nach Bauart Nennleistungen zwischen 20 und 1400 Watt. Die Höchstleistung liegt meist 50 % höher. Lichtmaschinen können bei erster Inbetriebnahme und nach Reparaturen nicht wirken, weil das Magnetfeld fehlt; deshalb muss in solchen Fällen die Lichtmaschine polarisiert werden. Dies geschieht durch Berühren der Klemmen der Maschine mit den gleichen Polen der Batterie.

Reglerschalter

Er muss die Spannung im gesamten Stromnetz stets auf gleicher Höhe halten. Diese hängt von der Drehzahl ab; deshalb muss der Regler entsprechend der Drehzahl den Erregerstrom verändern. Es geschieht dadurch, dass beim Überschreiten der Höchstspannung ein Anker von einer Spule gegen eine Federkraft angezogen wird, so dass der Erregerstrom seinen Weg über einen Regelwiderstand nehmen muss, dadurch geringer wird und die Spannung abfällt. Ist die Spannung zu gering, so genügt die magnetische Kraft der Spule nicht mehr, den Anker gegen die Federkraft zu halten. Er schließt den Kontakt wieder, so dass der Erregerstrom in voller Höhe fließen kann. Bei zu hoher Drehzahl wird die Erregerwicklung kurzgeschlossen.

3 Lichtmaschinenregler.

Wartung von Lichtmaschine und Reglerschalter

Vor Arbeiten an der elektrischen Anlage ist zur Vermeidung von Kurzschlüssen die Masseleitung an der Batterie zu lösen. Die Kohlebürsten

> **Wichtig!**
> Der Reglerschalter wird beim Versagen grundsätzlich ausgetauscht.

unterliegen dem Verschleiß und sind spätestens nach 500 Betriebsstunden zu überprüfen. Man kann die Kohlen genauso wie den Kollektor mit einem mit Benzin angefeuchteten Lappen abreiben, um Staub, Öl oder Fett zu entfernen. Bei Überholung der Lichtmaschine müssen auch die Lager ausgewaschen und neu eingefettet oder getauscht werden.

Batterie

Zur Speicherung der elektrischen Energie werden meist Bleibatterien wegen des geringen inneren Widerstandes und der hohen Entladespannung verwendet. Die Batterie hat die Eigenschaft, elektrische Energie von der Lichtmaschine in chemische Energie umzuwandeln und zu speichern (Ladevorgang) und umgekehrt die chemische Energie als elektrische Energie abzugeben (Entladevorgang). Die einzelnen Zellen sind galvanische Elemente, die aus einer Anzahl positiver und negativer ineinander geschobene Bleiplatten bestehen. Da die Platten sehr eng zusammengebaut sind, sich aber wegen der Gefahr des Kurzschlusses nicht gegenseitig durch Verbiegen berühren dürfen, sind Trennwände (Separatoren) eingelegt. Jede Zelle ist dicht verschlossen und hat lediglich im Deckel einen Stöpsel, der gleichzeitig als Entlüfter dient. Jede geladene Zelle einer Bleibatterie hat etwa 2 Volt. Durch Hintereinanderschalten von Zellen summiert sich die Spannung. Die Anschlusspole tragen zur Unterscheidung das Plus- bzw. das Minus-Zeichen. Der Pluspol ist dicker ausgebildet.

Laden
Negativer Plattensatz
PbSO4 + 2 H = Pb + H 2SO4
dissoziiertes Schwefelsäure-Molekül

PbSO4 + SO4 + 2H2O = PbO2 + 2 H2
Positiver Plattensatz

Entladen
Negativer Plattensatz
Pb + SO4 = PbSO4
dissoziiertes Schwefelsäure-Molekül

PbO2 + 2 H + H2SO4 = PbSO4 + 2 H2O
Positiver Plattensatz

Beim Gasen entsteht das explosive Knallgasgemisch. Vorsicht mit Funken und Feuer! Bei oftmaligem Laden brechen Teilchen aus der aktiven Masse der Platten aus und setzen sich als Bleischlamm ab. Die Kapazität (Speicherfähigkeit) einer Batterie wird in Ampèrestunden

(Ah) gemessen. Es ist die Strommenge, die von der geladenen Batterie abgegeben werden kann. Je größer die entnommene Stromstärke, desto geringer ist die Kapazität, weil der Molekülaustausch nicht bis ins Platteninnere vordringt. Eine 84 Ah – Batterie gibt z. B. 4,2 A 20 Stunden lang ab, aber 25 A nur 2,4 Stunden. Anlasser benötigen Stromstärken bis 1000 A.
Die Säuredichte gibt den Ladezustand der Batterie an. Zur Messung verwendet man Säureprüfer. Auf den Skalen ist die Dichte oder Grad Baumé (oBé) angegeben.
Der volle Ladezustand hat 2,7 Volt, 1,28 g /cm^3, 31,5 (oBé); bei Entladung 1,75 Volt, 1,12g / cm^3, 16 (oBé).

Wartung von Batterien

Die Batterie muss sauber und trocken gehalten werden. Die Reinigung erfolgt mit Wasser oder Sägemehl. Batteriekurzschlüsse durch Auflegen von Werkzeug und durch schadhafte Kabel wirken sich zerstörend aus. Öle und Benzin schaden der Batterie. Die Leitungen müssen fest an den Polköpfen sitzen. Die Anschlussklemmen müssen blank und mit etwas Säureschutzfett eingerieben sein. Das Lösen der Klemmen darf nicht durch Schläge erfolgen. Der Minuspol liegt meist an „Masse“. Jede Batterie muss in regelmäßigen Abständen überprüft werden. Die Säure soll etwa 10 mm über den Plattenrändern stehen. Fehlt Flüssigkeit, so darf nur destilliertes Wasser nachgefüllt werden. Lässt eine Batterie in ihrer Leistung nach, so muss sie neu geladen werden. Die Nachladung erfolgt mit etwa $^1/_{10}$ der Kapazität 10 Stunden lang. Dabei muss die Spannung allmählich auf 2,7 Volt steigen. Es ist darauf zu achten, dass das Gasen nicht länger als eine halbe Stunde dauert und die Batterie nicht wärmer als 40 °C wird.

Anlasser

Er ist ein Elektromotor, der den Motor anwerfen muss. Als Hauptstrommotor bringt er ein großes Drehmoment und eine entsprechende Drehzahl auf. Dies wird dadurch ermöglicht, dass der gesamte Strom die Erregerwicklung durchläuft.
Einige Anlasser besitzen einen Schubanker, durch dessen axiale Verschiebung das Ritzel sicher in den Zahnkranz einspurt. Da die Möglichkeit besteht, dass das Ritzel auf einen Zahn auftrifft, geschieht das Einrücken in zwei Stufen. Zunächst zieht eine Hilfserregerwicklung den Anker bei langsamer Drehzahl in das Kraftfeld, bis das Ritzel einspurt. Erst bei diesem Vorgang wird die zweite Stufe ausgelöst, wodurch die Haupterregerwicklung vollen Strom erhält und der Motor durchgedreht wird. Je höher die Drehzahl, desto geringer wird der durch Anker und Feld fließende Strom. Eine Rückzugfeder versucht den Anker und das Ritzel auszuspuren, sobald das Schwungrad vom Motor beschleunigt wird. Das würde bereits bei einzelnen Zünd-

Anlasser gereinigt und überholt, fertig zum Zusammenbau.

impulsen geschehen. Damit aber das Ritzel nicht sofort ausspurt, ist eine Haltewicklung eingebaut, die erst die Ankerverschiebung zulässt, wenn der Anlass-Schalter den Strom unterbricht. Eine Überlastungskupplung zwischen Anker und Ritzel lässt eine elastische Beanspruchung beim Eingreifen der Zahnräder zu. Beim Schubschraubtrieb-Anlasser bleibt der Anker immer im Magnetfeld der Erregerwicklung. Ein angebauter Magnetschalter bringt über einen Hebel das Ritzel zum Eingriff. Gleichzeitig schließt er den Hauptromkreis.

Blinkleuchte vorne.

Beleuchtung

Die Beleuchtungseinrichtungen, die alle bauartgenehmigungspflichtig sind, müssen vorschriftsmäßig angebracht und ständig betriebsbereit sein. Paarweise angebrachte Beleuchtungseinrichtungen müssen gleichen Abstand von der Mittellinie der Fahrzeugspur, gleiche Höhe über der Fahrbahn und gleiche Farbe haben.

Steckdose.

Rückleuchte Rückstrahler

In das Stromnetz des Oldtimers sind, wie in jedem Stromnetz, Sicherungen eingebaut, die bei Kurzschlüssen oder sonstigen Überlastungen Erzeuger, Verbraucher und Netz schützen. Das Auswechseln einer durchgebrannten Sicherung ist kinderleicht und kann auch vom Nichtfachmann vorgenommen werden. Die Frage ist aber, ob es richtig ist, eine durchgebrannte Sicherung einfach zu erneuern. Man hat dann wohl den entstandenen Schaden beseitigt, nicht aber die Ursache. Denn, wenn eine Sicherung durchbrennt, tut sie das ja, weil irgendwie ein Fehler aufgetreten ist. Das kann natürlich durch eine momentane Überlastung geschehen sein, die weiter keine Folgen hat, es kann aber auch durch eine Beschädigung entstanden sein, die gesucht und behoben werden muss. In keinem Fall aber darf eine durchgeschlagene Sicherung geflickt werden, beispielsweise durch Stanniol oder Draht, wie man das so häufig sieht. Die Leitung oder das Aggregat, das den Fehler in sich hat, kann bis zur völligen Zerstörung belastet werden und dann sind die Schäden und damit auch die Kosten groß. Wenn also eine Sicherung, besonderes mehrere Male hintereinander durchgeschlagen ist, heißt es: Den Fehler durch einen Fachmann suchen und beheben lassen.

7

Sicherungskasten.

Wichtig!
Sicherungen müssen Sicherungen bleiben!

Herstellen eines Kabelbaumes

Mit ein bisschen Glück kann man einen neuen Kabelbaum für seinen Oldtimer erwerben. Spezialisten aus der Szene fertigen originalgetreue Kabelbäume nach (für Allgaier-, Porsche-Diesel-Schlepper bietet Helmut Unrath alles zum Thema Schlepper-Elektrik unter www.schlepper-elektrik.de oder im sehr empfehlenswerten Handbuch Schlepper-Elektrik an).

Man kann auch hier zur Selbsthilfe greifen und sich einen solchen Kabelbaum selbst bauen. Das ist gar nicht so schwer. Tatsächlich hat man die Kabelbäume früher manuell gewickelt. Aus ein paar Brettern oder einer Spanplatte baut man sich eine Lehre. Die Abmessungen dieser „Lehre" sollte den Maßen des Kabelbaums entsprechen. Mit einem Zollstock oder anhand des defekten Kabelbaumes übernimmt man jetzt alle relevanten Maße für Befestigungslaschen, Durchführungen, Abzweigungen zu Sicherungen, Lampen, Lima, etc. und überträgt sie auf die Lehre. An den entscheidenden Stellen schlägt man lange kräftige Nägel ein und schreibt daneben, welche Leitungen dort enden bzw. vorbeigeführt werden sollen. Eine Überprüfung der Lehre anhand des Schaltplanes ist vorteilhaft.

Anschließend verlegt man an den Nägeln (die zunächst gleichzeitig zur provisorischen Befestigung der Leitungen dienen) die entsprechenden Kabel mit den jeweiligen Farbkennzeichnungen und Querschnitten, die vorher dem Kabelbaum entsprechend beschriftet wurden. Es ist ratsam, alle Kabel etwas länger zu lassen, die Kabelenden zu markieren bzw. zu nummerieren und eine Kabelliste mitzuschreiben. Es kann zweckmäßig sein, seine eigenen Wünsche gleich mit einzuarbeiten, auch wenn diese nicht zu 100 % original sind. Sind alle Kabel auf der Lehre gebunden, werden die einzelnen Kabelstränge zum Schutz in Bougierrohre gezogen. Ich empfehle jedoch,

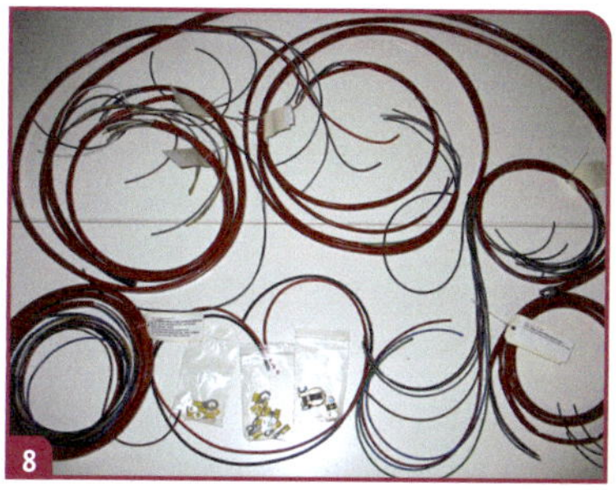

8 Kabelbaum.

9 Kabelbaumbeschriftung für die leichte Endmontage.

Wichtig!
Der Fachmann rät zu Aderendhülsen.

die korrekte Länge erst beim Einbau zu schneiden und den Stecker lieber erst dann anzubauen oder anzucrimpen.

Aderendhülsen werden verwendet, um die abisolierten Enden von Litzenleitungen zu schützen, so dass sie ohne Beschädigung der Einzeldrähte in Klemmen angeschlossen werden können. Der Innendurchmesser der Hülse ist möglichst klein zu wählen, jedoch so groß, dass das Aufschieben auf die abisolierten Litzen problemlos vonstatten geht. Mit einer speziellen Crimpzange wird die Hülse dann gequetscht.

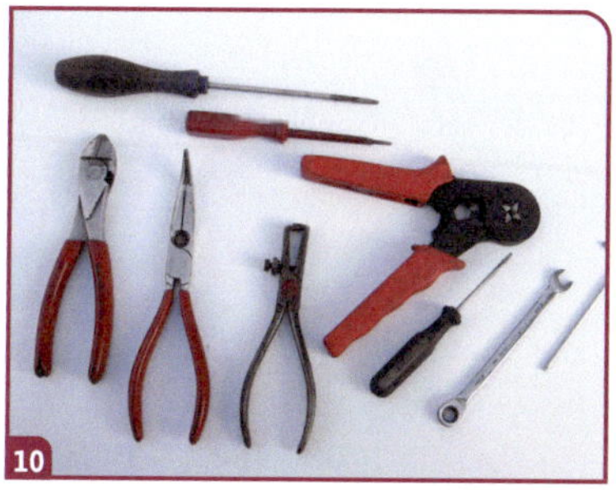

10 Werkzeug.

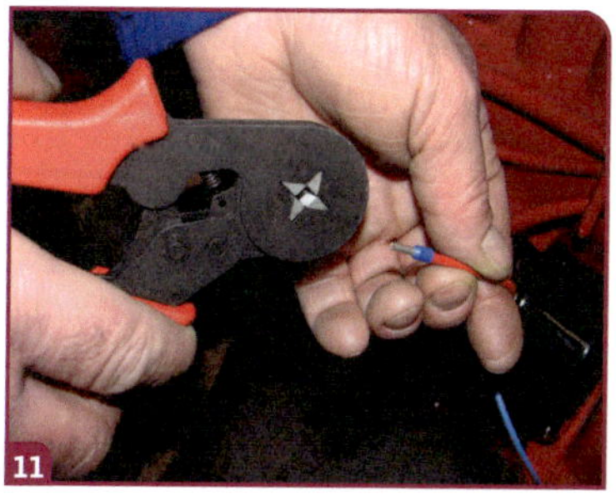

11 Crimpzange mit Aderendhülse.

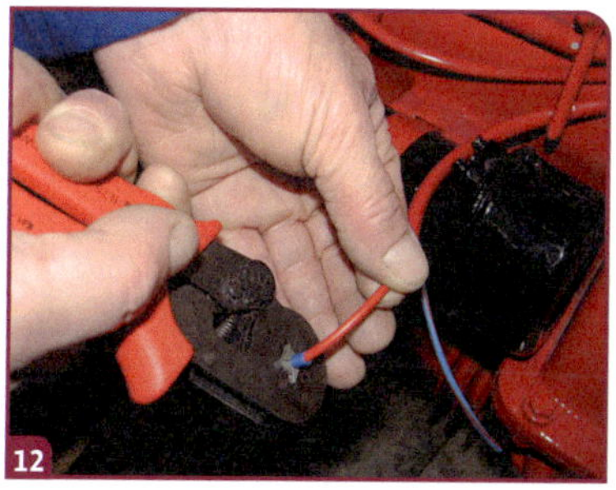

12 Crimpzange beim Verklemmen.

13 Aderendhülsen.

Aderendhülsen mit Schutzkragen (die Farbigen im Bild) bieten einen zusätzlichen Knickschutz der angeschlossenen Ader. Zum Anschluss zweier Adern in einer Klemme gibt es so genannte Duo-Aderendhülsen (im Bild das graue Exemplar).

Nach VDE-Richtlinien müssen Leitungen, die aus Einzellitzen bestehen, mit Aderendhülsen versehen werden, da die feine Litze sonst durch die Schraube beschädigt werden könnte und somit kein einwandfreier elektrischer Kontakt mehr gewährleistet ist. Beim Einbau der Litze in eine Klemme bleiben meist einzelne Drähte am Rand der Klemme hängen, werden dadurch zurückgeschoben und stehen im schlechtesten Fall über den isolierten Rand der Klemme vor. Es besteht Brandgefahr. Zudem besteht bei nicht mit Aderendhülsen versehenen Leitungen eine erhöhte Korrosionsgefahr.
Die Farbe des Schutzkragens gibt Aufschluss über den maximalen Leitungsquerschnitt. Es gibt drei verschiedene, sich teils widersprechende Farbkodierungen:

Querschnitt	Farbkode A	Farbkode B	DIN-Norm
0,25 mm^2	violett	hellblau	
0,34 mm^2	rosa	türkis	
0,50 mm^2	weiß	orange	weiß
0,75 mm^2	blau	weiß	grau
1,00 mm^2	rot	gelb	rot
1,50 mm^2	schwarz	rot	schwarz
2,50 mm^2	grau	blau	blau
4,00 mm^2	orange	grau	grau
6,00 mm^2	grün	schwarz	gelb
10,00 mm^2	braun	elfenbein	rot
16,00 mm^2	elfenbein	grün	blau
25,00 mm^2	schwarz	braun	gelb
35,00 mm^2	rot	beige	rot
50,00 mm^2	blau	oliv	blau
70,00 mm^2			gelb
95,00 mm^2			rot
120,00 mm^2			blau

Beachte! Kabelbaum an Trennstellen mit Stecker oder Klemmleiste versehen.

14 Kabelstecker.

15 Klemmleisten.

Schellenbefestigung.

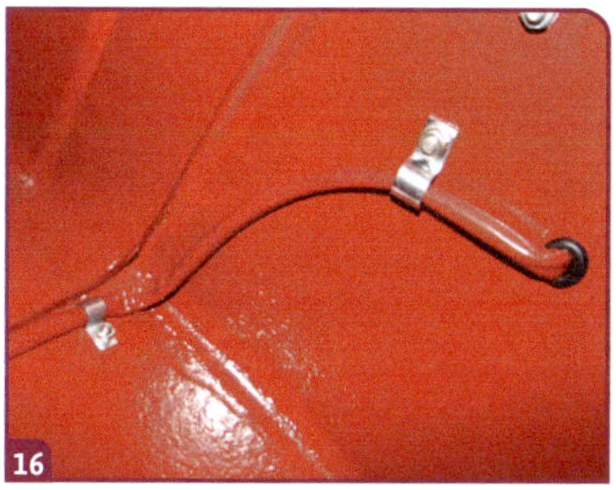

16

Kabelband-
befestigung.

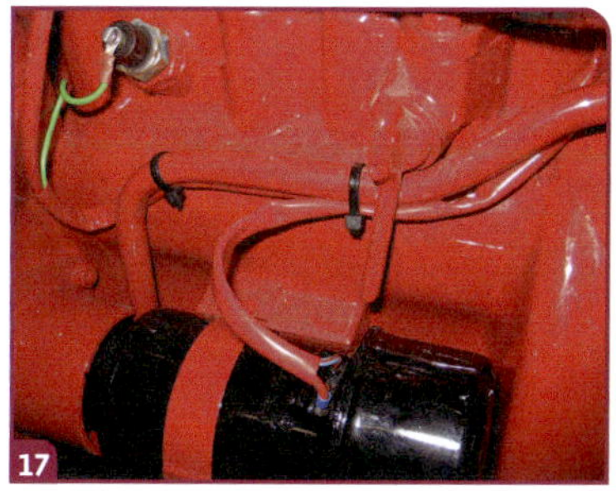

17

Kabel eng anliegend mit Schelle oder Kabelband befestigen.

Kabeldurchführung.

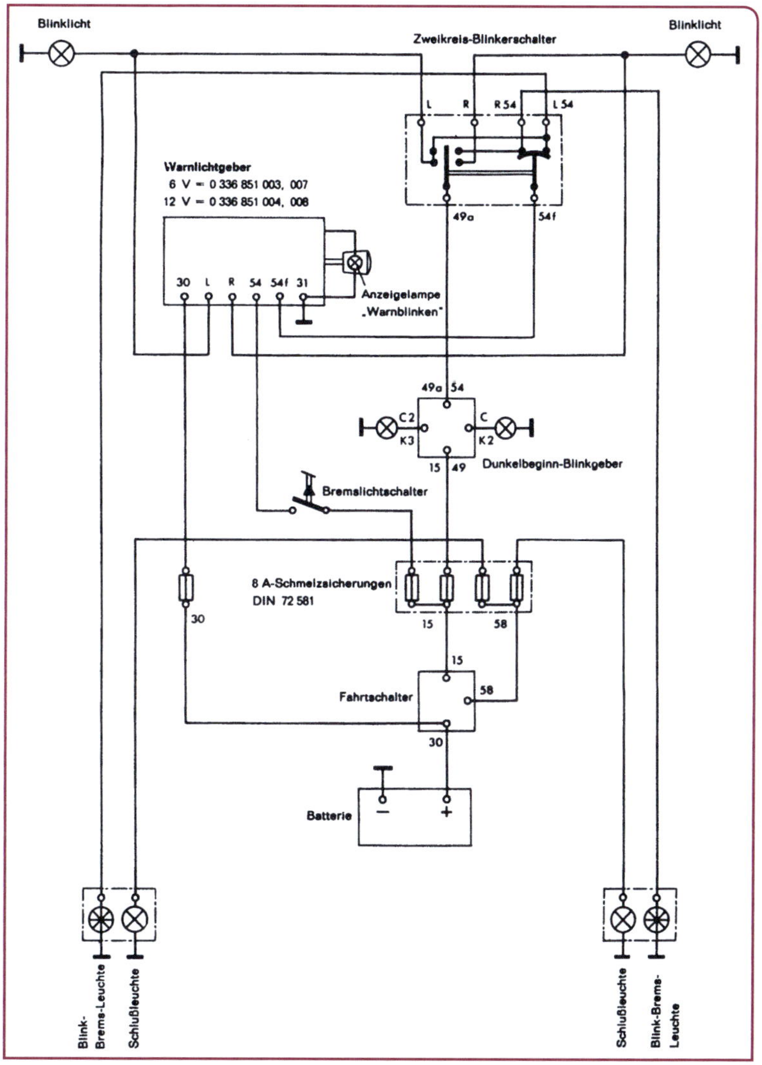

Wichtig!
Keine Kabeldurchführung ohne Gummitülle!

Beispiel: Bosch-Warnblinkschaltung mit Zweikreis-Schaltung, Brems- und Blinklicht auf denselben Glühlampen

Einkreisanlage, getrennte Blink- und Bremsleuchte

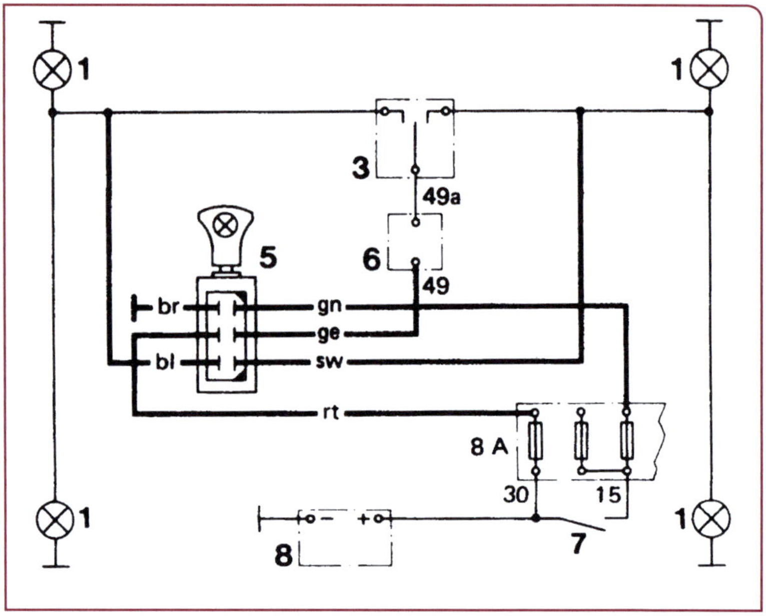

Einkreisanlage, getrennte Blink- und Bremsleuchte

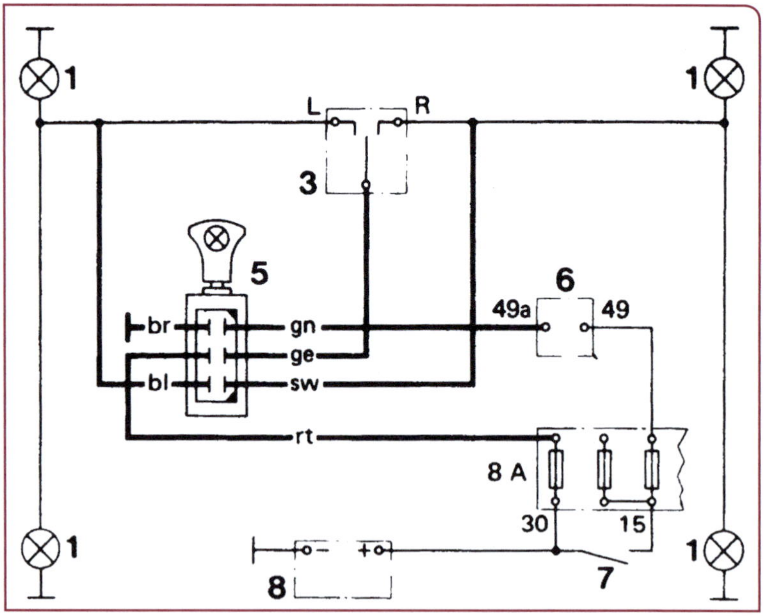

Zweikreisanlage, kombinierte Blink- und Bremsleuchte

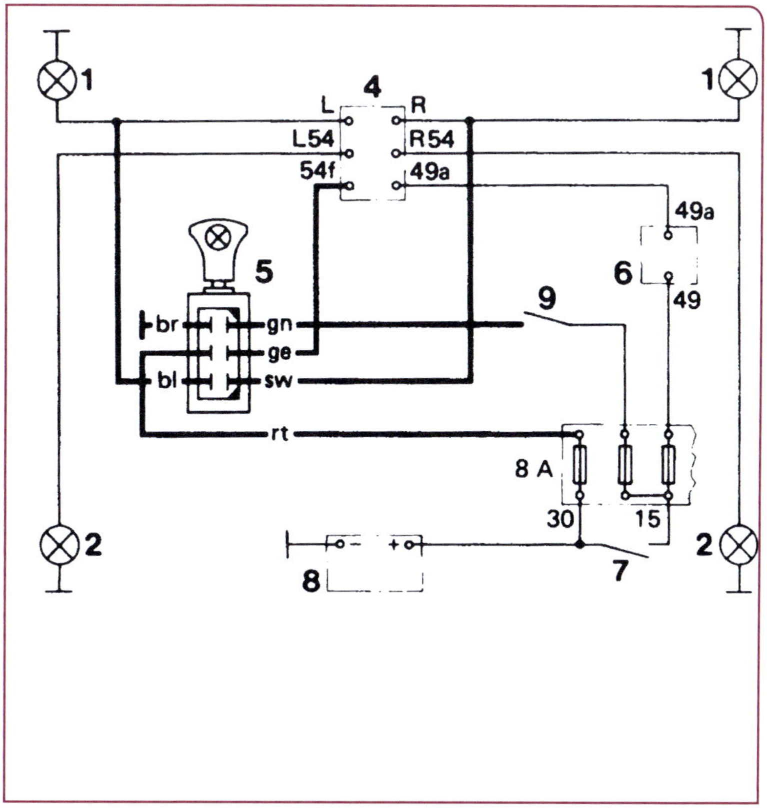

Steckerbelegung des Warnblinkschalters (0 336 851 008):

Masse	31	54	von Bremslichtschalter
Dauerplus	30	54f	auf Zweikreisblinkschalter
Blinker links vorne	L	R	Blinker rechts vorne

Steckdose

Bei älteren Fahrzeugen werden 7-polige Stecker und Dosen für das 12V-Fahrzeugnetz verwendet.

Siebenpolige Steckdose

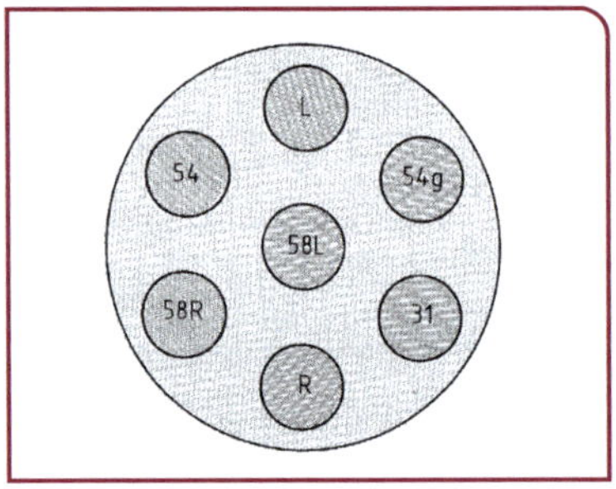

Dreizehnpolige Steckdose

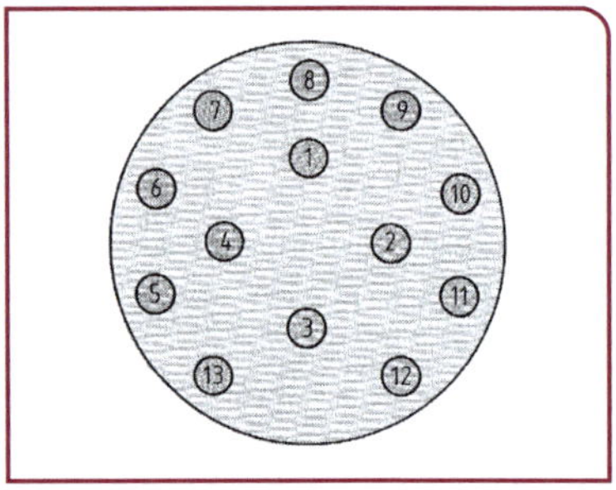

Steckerbelegung:

Nr.	Kontakt	Funktion
Nr. 1	L	Blinker links
Nr. 2	54 g	Nebelschlusslicht
Nr. 3	31	Masse 0 V (für Nr. 1–8)
Nr. 4	R	Blinker rechts
Nr. 5	58 R	Schlusslicht rechts
Nr. 6	54	Bremslicht
Nr. 7	58 L	Schlusslicht links

Die neueren Fahrzeuge haben 13-polige Stecker und Dosen für das 12V-Fahrzeugnetz. Die Steckerbelegung von Nr. 1–7 bleiben gleich und es kommen folgende hinzu:

Nr. 8	Rückfahrleuchte
Nr. 9	Dauerplus
Nr. 10	Ladeleitung für Batterie im Hänger
Nr. 11	Masse für Nr. 10
Nr. 12	Steuerleitung für Anhängererkennung
Nr. 13	Masse für Nr. 9

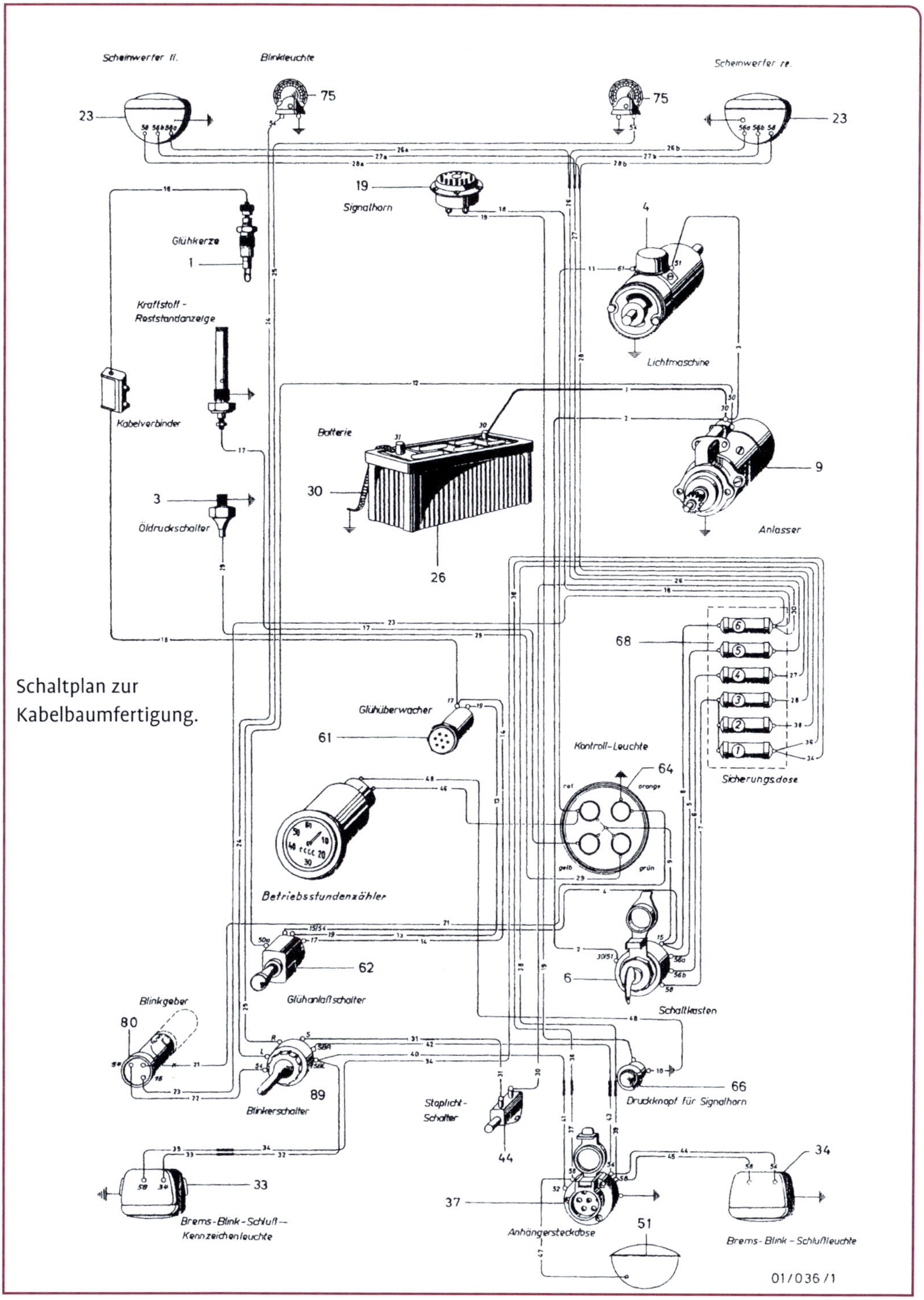

Schaltplan zur Kabelbaumfertigung.

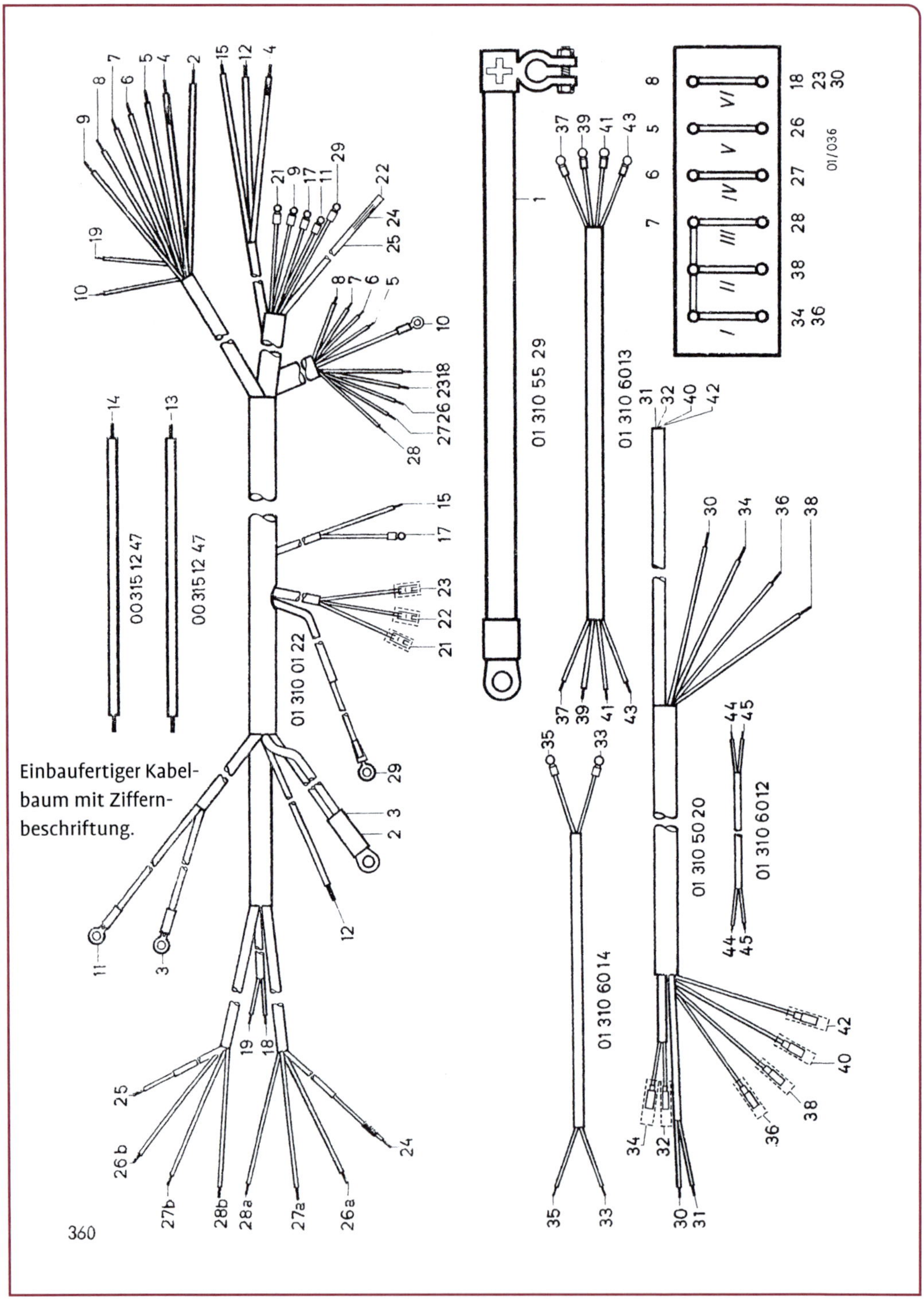

Einbaufertiger Kabelbaum mit Ziffernbeschriftung.

TÜV Mitarbeiter bei der Abnahme des restaurierten Porsche-Diesel-Oldtimers.

TÜV-Abnahme nach § 21 oder § 23

So mancher Oldtimerfan wird aufatmen ob der vereinfachten Zulassungsverordnung, die zum 1. März 2006 in Kraft getreten ist. Ein Fahrzeug, das länger als 18 Monate stillgelegt war, benötigt nicht unbedingt ein Vollgutachten. Voraussetzungen: Das Fahrzeug war nicht länger als 7 Jahre stillgelegt, und die letzte Hauptuntersuchung lag innerhalb dieses Zeitraumes. Diese Neuregelung erspart nicht nur eine Menge Kosten, sondern ist auch wesentlich einfacher zu händeln. Die 7-Jahres-Frist hängt damit zusammen, dass ein stillgelegtes Fahrzeug nach 7 Jahren aus dem Zentralregister des Kraftfahrt-Bundesamtes gelöscht wird. Somit wird nach sieben Jahren ein Vollgutachten nötig.

Fahrzeugkontrolle für die TÜV-Abnahme anhand einer Checkliste

Checkliste für die TÜV-Abnahme

- Beleuchtungskontrolle rundum
- Reflektoren der Hauptscheinwerfer prüfen
- Scheinwerfereinstellung
- Brems-, Blinkleuchten, Warnblinkschalter (auch prüfen bei getretener Bremse)
- Kennzeichenbeleuchtung
- Kontrolllampen
- Rückstrahler
- Fußbremse
- Handbremse
- Profil und Alter der Räder
- Lenkspiel einstellen (ca. 2 Fingerbreit)
- Spurstangenköpfe, bei Spiel auswechseln
- Köpfe der Lenkschubstagen
- Radlager der Vorderräder, Spiel einstellen
- Axialspiel des Vorderachsbockes prüfen, nötigenfalls ausdistanzieren
- bei staken Ölverlusten, neu abdichten
- eingerissene Karosserieteile schweißen
- Zugmaul hinten, muss drehbar sein, darf nicht zu viel Spiel haben
- Stecknagel auf Verschleiß prüfen
- Stecknagel-Sicherung prüfen
- Zugmaulabdeckung vorne
- Fahrgestellnummer säubern
- Warndreieck
- Fahrzeugschein und letzte Abnahmebescheinigung mitführen usw.

Vollgutachten gemäß § 21 StVZO

Dieser Paragraph regelt die Betriebserlaubnis für Einzelfahrzeuge. Vollgutachten sind Pflicht für Fahrzeuge, die länger als 7 Jahre außer Betrieb gesetzt wurden und weder eine Datenbestätigung, Bescheinigung über die Einzelgenehmigung noch eine EG-Übereinstimmungsbescheinigung bei der Wiederzulassung vorlegen können oder bei Fahrzeugen, die aus dem Ausland nach Deutschland importiert wurden. Für diese Abnahme ist es hilfreich, den alten Fahrzeugbrief, ein Datenblatt oder eine Briefkopie desselbigen Baumusters dem Prüfer zur Hand zu geben.

Warten und Pflegen
Kundendienst

Sie vermeiden dadurch unnötige Reparaturkosten und erhalten seinen Wert. Gönnen Sie dem Oldtimer eine regelmäßige Gesamtreinigung und säubern Sie die Öleinfüllschrauben, bevor Sie diese ausschrauben. Geben Sie ihr gutes Geld auch nur für gute und geeignete Marken-Schmiermittel aus. Durch ihre speziellen Eigenschaften sind sie der im harten Dauerbetrieb auftretenden Beanspruchung gewachsen, setzen die Abnutzung der sich bewegenden Teile auf ein Mindestmaß herab und erhöhen somit die Lebensdauer Ihres Oldtimer-Schleppers. Machen sich während des Betriebs Störungen bemerkbar, so beseitigen Sie diese, bevor sich größere Schäden einstellen. Bei allen Arbeiten aber bewahren Sie die Ruhe, suchen einen sauberen Platz und denken stets daran, dass Sie folgenden Check durchführen:

Öl immer bis an die obere Markierung am Ölmessstab auffüllen.

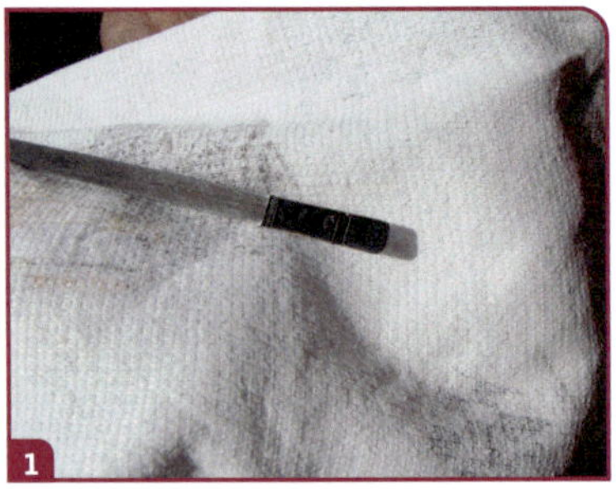

Täglich:	
Motor-Ölmessstab	Ölstand prüfen
Reifen	Luftdruck prüfen
Armaturenbrett	Signalhorn, Funktion prüfen Beleuchtungsprobe (vor Nachtfahrt) Ladekontrolllampe (rot), erlischt beim Gasgeben, Motortemperatur, Anzeigebereich beachten, Kraftstoffstand prüfen, Öldruck-Anzeige beachten
Fußbremse	Funktion und Wirkung prüfen
Lenkung	Leichtgängigkeit prüfen, Einschlag beim Anfahren probieren

Motorentlüftung (Öleinfüllstutzen) reinigen.

14-tägig, bei strengem Betrieb:	
Batterie	Flüssigkeitstand prüfen
Kraftheber	Ölstand prüfen
Öl-Entlüftungsfilter	reinigen
Fußbremse	nachstellen

Monatlich:	
Kupplung	nachstellen
Kraftstoffbehälter	Schlamm ablassen – entlüften
Ansaugluft-Filter	Öl wechseln

Schaltgetriebe – Ölmessstab	Ölstand prüfen – Luftfiltereinsatz reinigen
Achsgetriebe links und rechts	Ölstand prüfen
Lenkung	Lenkradspiel prüfen

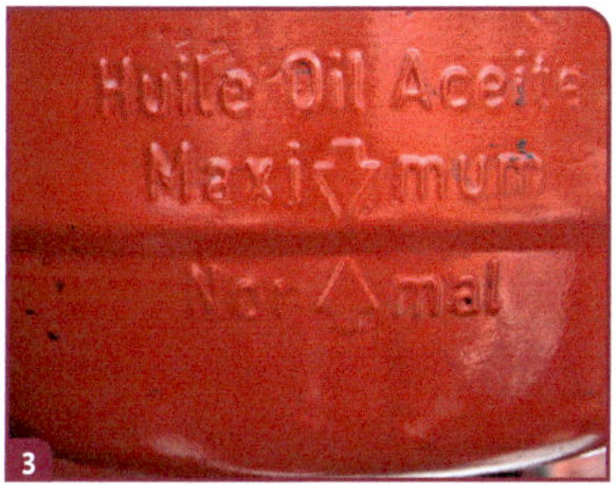

3 Ölwechsel im Ansaugluftfilter. Füllung darf nicht höher sein als MAX-Markierung.

Halbjährlich:

Einspritzanlage	prüfen lassen – Düsen reinigen (durch Fachwerkstatt oder durch Anleitung eines Sachkundigen)
Kraftstoffbehälter und -filter	ausbauen – reinigen – entlüften
Batterie	Spannung prüfen
Fuß- und Handbremse	prüfen lassen (durch Fachwerkstatt oder durch Anleitung eines Sachkundigen)
Lenkgetriebe	Ölstand ergänzen
Tachometerantrieb	Ölstand ergänzen – Füllschraube (bis Gewinde) Getriebeöl SAE 90
Vorderradnaben	ausbauen – reinigen, Abschmierfett einfüllen

4 Gereinigte Vorderradnabe, nun frisches Fett einstreichen und wieder zusammenbauen.

Jährlich:
Lichtmaschine, Anlasser, Batterie prüfen lassen (durch Fachwerkstatt oder durch Anleitung eines Sachkundigen).
Halten Sie die Zeiten für Ölstandergänzungen und Ölwechsel genau ein, denn Ihr Schlepper ist auf eine gute ausreichende Versorgung mit Schmiermittel angewiesen. Gewöhnen Sie sich deshalb ein Arbeitsprogramm an und achten darauf, dass der Ölwechsel grundsätzlich nur bei betriebswarmer Maschine vorgenommen wird, denn nur dann läuft das alte und verschmutzte Öl restlos ab. Tragen Sie Sorge, dass beim Ölwechsel das frische Öl nicht durch Sand und Schmutz verunreinigt wird, denn die noch so kleinsten Schmutzteilchen beschädigen Lager und Zylinderlaufbahnen.

Motor

Der Ölwechsel ist in der Regel erstmals nach 60 (Motorüberholung), dann nach 120 und weiter alle 200 Betriebsstunden oder mindestens einmal jährlich durchzuführen. Ölsorte = HD-Öl in einer der Jahreszeit entsprechenden SAE-Klasse. Unter den betriebswarmen Motor ein Gefäß stellen, Ablassschraube ausschrauben, Hauptstromfilter (vorderen Filter) 6 ausbauen, mit einer Bürste in Benzin ausbürsten, Überdruckventil reinigen und danach Hauptstromfilter aufstecken. Nebenstromfilter (Spaltfilter) 5 ausbauen und in Benzin oder Kaltreiniger auswaschen. Entlüftungsfilter (auf Öleinfüllstutzen) abnehmen und in Benzin oder Kaltreiniger auswaschen. Frischöl einfüllen, immer bis an die obere Markierung des Ölmessstabes. Ich empfehle, bei jedem dritten Ölwechsel vor dem Einfüllen des Frischöls mit HD-Öl durchzuspülen, und zwar mit der Hälfte der Füllmenge. Öl des Ansaugluftfilters monatlich, bei starkem staubigem Betrieb jedoch öfters wechseln und die Filtereinsätze dabei immer reinigen. Wir verwenden Motorenöl und gehen wie folgt vor: Flügelmutter abschrauben oder Klappverschlüsse

5

Gereinigter Spaltfilter mit Deckel, Feder und Gehäusedeckel.

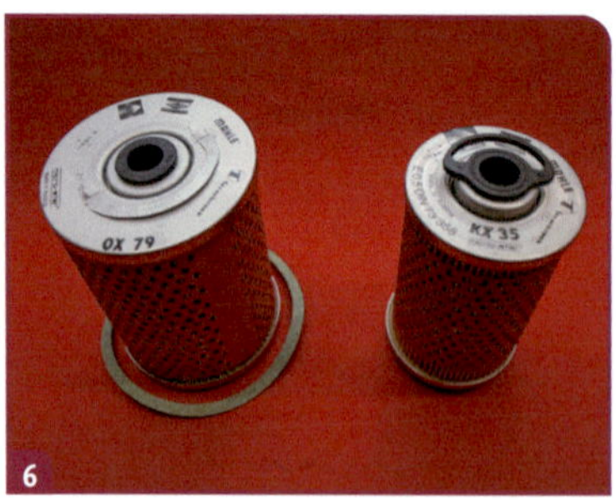

6

Ölfilter und Kraftstofffilter wechseln wir natürlich.

öffnen, Einsatz abheben und mit der Filterpackung in Dieselkraftstoff auswaschen, ca. 0,2 Liter Frischöl einfüllen und Einsatz wieder aufsetzen, Höchststandmarkierung beachten.

Schaltgetriebe
Ölstand
Füllhandschraube abschrauben, Messstab abwischen und nochmals einführen. Der Ölstand ist dann richtig, wenn er zwischen den Markierungen liegt. Mit Getriebeöl SAE 90 ergänzen.

Ölwechsel
Das Öl ist erstmals nach 500 Betriebsstunden, dann einmal jährlich zu wechseln. In der Regel füllen wir Getriebeöl SAE 90 oder Öl nach Betriebsanleitung ein. Gefäß unterstellen, Einfüll- sowie alle Ablassschrauben ausschrauben, Öl ablaufen lassen, Ablassschrauben mit neuen Dichtringen versehen und wieder einschrauben. Frischöl einfüllen und Füllschraube mit neuem Dichtring einschrauben.

Wichtig!
Es ist immer richtig und empfehlenswert, nach der Betriebsanleitung zu schmieren, zu warten und zu reparieren.

Achsgetriebe rechts und links
Ölstand
Füllschraube ausschrauben, mit Getriebeöl SAE 90 oder Öl nach Betriebsanleitung bis zum Gewinde der Füllstandsschraube ergänzen.

Ölwechsel
Erstmals nach 500 Betriebsstunden, dann einmal jährlich. Getriebeöl SAE 90 oder Öl nach der Betriebsanleitung einfüllen. Einfüll- sowie Ablassschraube ausschrauben, Öl ablaufen lassen, Ablassschraube mit neuem Dichtring einschrauben, Frischöl einfüllen, danach Füllschraube mit neuem Dichtring einschrauben.

Überwintern, aber wie?

Richtig einwintern - sicher ins Frühjahr starten
Zu allererst ist eine gründliche Reinigung angesagt, wenn Sie Ihren geliebten Oldtimer in den Winterschlaf schicken wollen. Aber Achtung beim Waschen oder Abdampfen, die Elektrik des Oldtimers verträgt keinerlei Feuchtigkeit, bitte abdecken und trocken halten. Alle lackierten Teile können, entgegen der Elektrik, nass oder feucht gereinigt werden. Sie erkennen sofort kleine Schadstellen, die dann mit Farbe ausgebessert werden können. Anschließend beginnen Sie mit der Behandlung des Lackes durch ein Pflegemittel, das für die nötige Auffrischung und Konservierung Sorge trägt. Damit sich keine Korrosion während der Ruhezeit einfressen kann, gründlich und mit System den ganzen Oldie einschließlich der Chrom- und Aluteile konservieren. Nun ist das beste Stück sauber und sieht wieder wie neu aus. Jetzt geht es mit den anstehenden Reparaturen, die mög-

lichst noch vor der Winterpause erledigt werden sollten, weiter. Klar, technisch versierte Schrauber können da eine Menge selbst tun. Doch überschätzen sollten Sie sich nicht und dort wo nötig, eine Fachwerkstatt einschalten. Prüfen, ob Ölwechsel angezeigt sind, sei es im Motor, im Getriebe oder in den Achsen. Eine Erneuerung des Motoröls (das alte in betriebswarmem Zustand ablassen!) kann vor dem Winter nie schaden – und auch nicht ein Austausch des Ölfilters nach dem Motto "Lieber früher als später". Gelenke, Hebel und sonstige bewegliche Teile abschmieren. Bei dieser Gelegenheit lässt sich auch checken, wie es mit dem Spiel bzw. Verschleiß der Bremsen und der Kupplung bestellt ist. Zu guter Letzt Luftfilter abnehmen und spezielle Motoren-Konservierungssprays mit Anlasserdrehzahl und in Stoppstellung in den Ansaugkanal sprühen und ansaugen lassen. Die Austrittsöffnung am Auspuff und die Ansaugöffnung am Luftfilter sowie die Motorenentlüftung mit Klebeband luftdicht verschließen. Aus dem Kraftstofftank Kondenswasser ablassen und den Tank bis an den oberen Rand mit Diesel befüllen.

Decken Sie Ihren Oldtimer während der Standzeit über den Winter ab. Es sollte ein Staubschutz sein, der luftdurchlässig ist und unter dem sich kein Kondenswasser bilden kann und der beim Bedecken oder Abnehmen keine Schäden an der Lackierung verursacht. Geeignet wären beispielsweise Wolldecken, Frotteedecken und Leintücher. Von Folien oder einer Kunststoffumhüllung rate ich dringend ab.

Wichtig: Lassen Sie den Motor während der Winterpause nicht laufen, nicht einmal ganz kurz. Diese Starts beeinträchtigen die Konservierung und setzen hochkorrosives Kondenswasser frei.

Technische Daten

Mess- und Einstelldaten

Voraussetzung für das fachgerechte restaurieren der Porsche-Diesel-Traktoren sind gründliche Kenntnisse der Traktoren mit deren technischen Daten. Ein schneller Zugriff auf das technische Datenmaterial unterstützt Sie in Ihrem Bemühen, Arbeiten an Ihrem Oldtimer gut, fachgerecht und preiswert zu verrichten.

Das ganze technische Datenmaterial ist übersichtlich und typenbezogen zusammengefasst.

Mit dieser Handreichung wird Ihnen die Möglichkeit gegeben, bei allen vorkommenden Arbeiten schnell und zuverlässig die notwendigen Kontrollen und Messungen exakt durchzuführen, Fehlerursachen zu ermitteln und zu beseitigen.

Motor

Schlepper Typ	Bauart	Nenn-drehzahl des Motors	Hub	Bohrung	Hub-volumen	Ver-dichtung	Nenn-drehzahl	Spez. Kraftstoff-Verbr. auf Md Max	Spez. Oel-Verbr. auf Nenn-leistung	Arbeits-weise	Dreh-richtung
		PS	mm	mm	cm^3		U / min	g / PSh	g / PSh		
P 111	1 Zyl. luftgek.	12	116	95	822	19:1	2200	205	1,5–2	4-Takt Wirbel-kammer	links
Junior	1 Zyl. luftgek	14 22	116	95	822	19:1	2250	185	1,5–2	4-Takt Wirbel-kammer	links
P 122 208	2 Zyl. luftgek.	25	116	95	1644	19:1	2000	200	1,5–2	4-Takt Wirbel-kammer	links
P 133	3 Zyl. luftgek.	33	116	95	2467	19:1	2000	195	1,5–2	4-Takt Wirbel-kammer	links
Super	3 Zyl. luftgek.	38	116	95	2467	19:1	2000	185	1,5–2	4-Takt Wirbel-kammer	links
P 144	4 Zyl. luftgek.	44	116	95	3289	19:1	2000	195	1,5–2	4-Takt Wirbel-kam-mer	links
Master	4 Zyl. luftgek.	50	116	95	3289	19:1	2000	185	1,5–2	4-Takt Wirbel-kammer	links
AP 16	2 Zyl. luftgek.	16	108	90	1374	19:1	2000	200	1,5–2	4-Takt Wirbel-kammer	links
AP 17	2 Zyl. luftgek.	18	108	90	1374	19:1	2000	200	1,5–2	4-Takt Wirbel-kammer	links
AP 18	2 Zyl. luftgek.	18 20	108	95	1531	19:1	2000	200	1,5–2	4-Takt Wirbel-kammer	links
AP 22	2 Zyl. luftgek.	22	108	95	1531	19:1	2000	200	1,5–2	4-Takt Wirbel-kammer	links
Standard	2 Zyl. luftgek.	25	116	95	1644	19:1	2000	200	1,5–2	4-Takt Wirbel-kammer	links

Kurbelwelle

Schlepper Typ	Hauptlagerzapfen Durchmesser	Toleranz	Breite der Führungslagerzapfen	Toleranz	Radius an Kurbelwange	Zulässige Unrundheit der Lagerzapfen	Kurbelkröpfung	Härte der Lagerzapfen	Pleuelzapfen Durchmesser	Toleranz	Breite der Pleuelzapfen	Toleranz
	mm		mm		mm	mm	mm	HRC	mm		mm	
P 111	70	-0,03 -0,05	46	+0,06 -0,0	2,5	0,04	58	57 bis 61	70	-0,03 -0,05	40	+0,06 -0,00
Junior	70	-0,03 -0,05	46	+0,06 -0,0	2,5	0,04	58	57 bis 61	70	-0,03 -0,05	40	+0,06 -0,00
P 122 208	70	-0,03 -0,05	46	+0,06 -0,0	2,5	0,04	58	57 bis 61	70	-0,03 -0,05	40	+0,06 -0,00
P 133	70	-0,03 -0,05	46	+0,06 -0,0	2,5	0,04	58	57 bis 61	70	-0,03 -0,05	40	+0,06 -0,00
Super	70	-0,03 -0,05	46	+0,06 -0,0	2,5	0,04	58	57 bis 61	70	-0,03 -0,05	40	+0,06 -0,00
P 144	70	-0,03 -0,05	46	+0,06 -0,0	2,5	0,04	58	57 bis 61	70	-0,03 -0,05	40	+0,06 -0,00
Master	70	-0,03 -0,05	46	+0,06 -0,0	2,5	0,04	58	57 bis 61	70	-0,03 -0,05	40	+0,06 -0,00
AP 16	70	-0,03 -0,05	46	+0,06 -0,0	2,5	0,04	54	57 bis 61	70	-0,03 -0,05	40	+0,06 -0,00
AP 17	70	-0,03 -0,05	46	+0,06 -0,0	2,5	0,04	54	57 bis 61	70	-0,03 -0,05	40	+0,06 -0,00
AP 18	70	-0,03 -0,05	46	+0,06 -0,0	2,5	0,04	54	57 bis 61	70	-0,03 -0,05	40	+0,06 -0,00
AP 22	70	-0,03 -0,05	46	+0,06 -0,0	2,5	0,04	54	57 bis 61	70	-0,03 -0,05	40	+0,06 -0,00
Standard	70	-0,03 -0,05	46	+0,06 -0,0	2,5	0,04	58	57 bis 61	70	-0,03 -0,05	40	+0,06 -0,00

Kurbelwelle

Schlepper Typ	Lagerspiel der Haupt- und Pleuellager radial	Axialspiel der Kurbelwelle	Axialspiel der Pleuel auf Kurbelzapfen	[1]Ersatzmasse für stat. Auswuchten	Nachschleifmaß X Zapfen	Nachschleifmaß Y Zapfen	Breite der Pleuelzapfen bei Nachschliff (max.)	Bemerkung
	mm	mm	mm	gr.	mm	mm	mm	
P 111	0,08 bis 0,12	0,22 bis 0,33	0,34 bis 0,5	2300	69,75	69,50	40,1	
Junior	0,08 bis 0,12	0,22 bis 0,33	0,34 bis 0,5	1720	69,75	69,50	40,1	
P 122 208	0,08 bis 0,12	0,1 bis 0,2	0,34 bis 0,5		69,75	69,50	40,1	
P 133	0,08 bis 0,12	0,1 bis 0,2	0,34 bis 0,5		69,75	69,50	40,1	
Super	0,08 bis 0,12	0,1 bis 0,2	0,34 bis 0,5	1350	69,75	69,50	40,1	
P 144	0,08 bis 0,12	0,1 bis 0,2	0,34 bis 0,5		69,75	69,50	40,1	
Master	0,08 bis 0,12	0,1 bis 0,2	0,34 bis 0,5	1350	69,75	69,50	40,1	
AP 16	0,08 bis 0,12	0,1 bis 0,2	0,34 bis 0,5		69,75	69,50	40,1	
AP 17	0,08 bis 0,12	0,1 bis 0,2	0,34 bis 0,5		69,75	69,50	40,1	
AP 18	0,08 bis 0,12	0,1 bis 0,2	0,34 bis 0,5		69,75	69,50	40,1	
AP 22	0,08 bis 0,12	0,1 bis 0,2	0,34 bis 0,5		69,75	69,50	40,1	
Standard	0,08 bis 0,12	0,1 bis 0,2	0,34 bis 0,5	1350	69,75	69,50	40,1	

Axialführung der Kurbelwelle wird bei Junior und P 111 durch beide Hauptlager aufgenommen. Bei AP- und Standard-Motoren ist das mittlere Hauptlager Führungslager. Bei den übrigen Motoren ist Hauptlager I (hinteres Hauptlager) das Führungslager.

Die Ersatzmasse für Junior ohne ölhydraulische Kupplung (2300 g) ist bezogen auf den Kurbelzapfen. Pleuel darf beim Auswuchten nicht montiert werden.

[1] Bei Junior H ist Ersatzmasse ermittelt ohne Verschlussstopfen in der Schwungscheibe. Gewicht des Verschlussstopfens ca. 50 g.

Kurbelwellenlager

Schlepper Typ	Lager I	Toleranz	Lager II	Toleranz	Lager III	Toleranz	Lager IV	Toleranz	Lager IV	Toleranz	geteilte Lager (Lagerschalen)	ungeteilte Lager (Lagerbüchsen)
	mm	mm	mm	mm	mm	mm	mm	mm	mm	mm	Nr.	Nr.
P 111	76,5	+0,051 +0,032	76,5	+0,051 +0,032								I, II
Junior V	76,5	+0,051 +0,032	83,0	+0,070 +0,050								I, II
Junior H	76,5	+0,051 +0,032	83,0	+0,07 +0,05								
P 122 208	80,0	+0,059 +0,037	80,0	+0,06 +0,04	76,5	+0 051 +0,032					I, II	III
P 133	80,0	+0,06 +0,04	80,0	+0,06 +0,04	80,0	+0,06 +0,04	76,5	+0,051 +0,032			I, II, III	IV
Super	80,0	+0,06 +0,04	80,0	+0,06 +0,04	80,0	+0,06 +0,04	76,5	+0,051 +0,032			I, II, III	IV
P 144	80,0	+0,06 +0,04	80,0	+0,06 +0,04	80,0	+0,06 +0,04	80,0	+0,060 +0,040	76,5	+0,051 +0,032	I, II, III, IV	V
Master	80,0	+0,06 +0,04	80,0	+0,06 +0,04	80,0	+0,06 +0,04	80,0	+0,060 +0,040	76,5	+0,051 +0,032	I, II, III, IV	V
AP 16	80,0	+0,06 +0,04	80,0	+0,06 +0,04	80,0	+0,06 +0,04					I, II, III	
AP 17	80,0	+0,06 +0,04	80,0	+0,06 +0,04	80,0	−0,06 −0,04					I, II, III	
AP 18	80,0	+0,06 +0,04	80,0	+0,06 +0,04	80,0	+0,06 +0,04					I, II, III	
AP 22	80,0	+0,06 +0,04	80,0	+0,06 +0,04	80,0	+0,06 +0,04					I, II, III	
Standard	80,0	+0,06 +0,04	80,0	+0,06 +0,04	80,0	+0,06 +0,04					I, II, III	

Kurbelwellenlager

Schlepper Typ	[1]Pressung der Hauptlager	Zulässige Exzentrizität der Haupt- und Pleuellager innen	Vorspannung der Hauptlager bei einseitigem Anzug	[2]Vorspannung der Pleuellager bei einseitigem Anzug	zulässiger Höhenschlag des Schwungrades	zulässiger Planschlag des Schwungrades	zulässige max. Unwucht des Schwungrades	Außendurchmesser des Schwungrades	
	mm	mm	mm	mm	mm	mm	cm / gr.	mm	Bemerkung
P 111	0,043 bis 0,062	0,04	0,05 bis 0,1	0,03 bis 0,06	0,05	0,05	50	410	[1]Hauptlager-Außendurchmesser mit Mikrometer, Lageraufnahme im Lagerdeckel bzw. Gehäuse mit Innenmessgerät messen
Junior	0,043 bis 0,062	0,04	0,05 bis 0,1	0,03 bis [1],06	0,05	0,05	50	386[3]	
P 122 208	0,043 bis 0,062	0,04	0,05 bis 0,1	0,03 bis [2],06	0,05	0,05	50	410	
P 133	0,043 bis 0,062	0,04	0,05 bis 0,1	0,03 bis [3],06	0,05	0,05	50	410	Die Lagervorspannung des Pleuels darf durch Nacharbeit nicht geändert werden.
Super	0,043 bis 0,062	0,04	0,05 bis 0,1	0,03 bis [4],06	0,01	0,05	50	410	
P 144	0,043 bis 0,062	0,04	0,05 bis 0,1	0,03 bis [5],06	0,01	0,05	50	410	[3]Junior V=410 mm
Master	0,043 bis 0,062	0,04	0,05 bis 0,1	0,03 bis [6],06	0,01	0,05	50	410	
AP 16	0,043 bis 0,062	0,04	0,05 bis 0,15	0,03 bis [7],06	0,01	0,08	50	398	
AP 17	0,043 bis 0,062	0,04	0,05 bis 0,15	0,03 bis [8],06	0,01	0,08	50	398	
AP 18	0,043 bis 0,062	0,04	0,05 bis 0,15	0,03 bis [9],06	0,01	0,08	50	398	
AP 22	0,043 bis 0,062	0,04	0,05 bis 0,15	0,03 bis [10],06	0,01	0,08	50	398	
Standard	0,043 bis 0,062	0,04	0,05 bis 0,15	0,03 bis [11],06	0,01	0,08	50	398	

Pleuel

Schlepper Typ	Länge des Pleuels von Mitte Auge bis Mitte Lager	Parallelität des Pleuellagers zum Pleuelauge senkrecht	[1] Parallelität des Pleuels auf Verdrehung	Zulässig. Gewichtsunterschied der Pleuel	Gewichtsanteil des Pleuelfußes vom Gesamtgewicht des Pleuels	Pressung der Kolbenbolzenbüchse im Pleuel	[2] Max. Verschleiß-Spiel der Kolbenbolzenbüchse	Bemerkung
	mm	mm	mm	gr.	%	mm	mm	
P 111	216,1 -0,1	0,005	0,075		70–71,5	0,025–0,07	0,08	Das Gesamtgewicht des Pleuels beträgt 1765+/-20 g.
Junior	216,1 -0,1	0,005	0,075		70–71,5	0,025–0,07	0,08	
P 122 208	216,1 -0,1	0,005	0,075	+/-10	70–71,5	0,025–0,07	0,08	[1] Auf eine Länge von 22 mm gemessen in Kolbenbolzenrichtung.
P 133	216,1 -0,1	0,005	0,075	+/-10	70–71,5	0,025–0,07	0,08	
Super	216,1 -0,1	0,005	0,075	+/-10	70–71,5	0,025–0,07	0,08	[2] Innendurchmesser der Kolbenbüchse 30+0,03/+0,05
P 144	216,1 -0,1	0,005	0,075	+/-10	70–71,5	0,025–0,07	0,08	
Master	216,1 -0,1	0,005	0,075	+/-10	70–71,5	0,025–0,07	0,08	
AP 16	216,1 -0,1	0,005	0,075	+/-10	70–71,5	0,025–0,07	0,08	
AP 17	216,1 -0,1	0,005	0,075	+/-10	70–71,5	0,025–0,07	0,08	
AP 18	216,1 -0,1	0,005	0,075	+/-10	70–71,5	0,025–0,07	0,08	
AP 22	216,1 -0,1	0,005	0,075	+/-10	70–71,5	0,025–0,07	0,08	
Standard	216,1 -0,1	0,005	0,075	+/-10	70–71,5	0,025–0,07	0,08	

Kolben

Schlepper Typ	Ring Nr. 1 (Chromring)	Ring Nr. 2	Ring Nr. 3	Ring Nr. 4	Ring Nr. 5	Ring Nr. 6	mittlere Kolbengeschwindigkeit	Bemerkung
P 111	einfach Trapez	Rechteck	Rechteck	Nase	Breitschlitz	Breitschlitz	8.70	Für alle Verdichtungsringe: Höhenspiel 0,095 – 0,127 mm, Stoßspiel 0,35 – 0,55 mm
Junior	Doppeltrapez	Innenfase	Nase	Wellfeder Dachfase			7,75	
P 122 208	einfach Trapez	Rechteck	Rechteck	Nase	Breitschlitz	Breitschlitz	7,75	Für alle Ölabstreifringe: Höhenspiel 0,025 – 0,052 mm, Stoß-Spiel 0,25 – 0,4 mm.
P 133	einfach Trapez	Innenfase	Nase	Dachfase	Dachfase		7,75	Kolbennenndurchmesser 94,87 rot gez. Kolbennenndurchmesser blau gez. Achtung! Innenfasenring mit Fase nach oben einbauen! In die Motoren vor Baujahr 1957 sind 6-Ring-Kolben eingebaut. Nur gleichfarbig bezeichnete Kolben und Kolbenbolzen verwenden.
Super	Doppeltrapez	Innenfase	Nase	top-Fase			7,75	
P 144	einfach Trapez	Rechteck	Rechteck	Nase	Breitschlitz	Breitschlitz	7,75	
Master	Doppeltrapez	Innenfase	Nase	top-Fase			7,75	
AP 16	Rechteck	Rechteck	Rechteck	Nase	Breitschlitz	Breitschlitz	7,75	Bei Leistungssteigerung der Motoren P 111, P 122, P 133 und P 144 Auflagefläche des Zylinderkopfes am Zylinder 0,4 mm abdrehen. 3 Spaltmaß am äußersten Kolbenrand messen.
AP 17	Rechteck	Rechteck	Rechteck	Nase	Breitschlitz	Breitschlitz	7,75	
AP 18	einfach Trapez	Innenfase	Nase	Dachfase	Dachfase		7,75	
AP 22	einfach Trapez	Innenfase	Nase	Dachfase	Dachfase		7,75	
Standard	Doppeltrapez	Innenfase	Nase	top-Fase				

Kolbenbolzen und Zylinder

Schlepper Typ	Farbe weiß	Toleranz	Farbe schwarz	Toleranz	[1] Pressung d. Kolbenbolzens bei 20°	Zulässige Exzentrität des Kolbens nach Einbau	Innendurchmesser	[2] Höhe v. Auflage Mat.-Geh. Bis Zylinderkopf	Außendurchmesser am oberen Rand	[3] Spaltmaß v. Zylinderkante bis Kolben in OT	Oberflächengüte innen (mittlere Rauhtiefe)	Max. Nachschleimaß Durchmesser	Toleranz
	mm		mm		mm	mm	mm	mm	mm	mm	mm	mm	mm
P 111	30	-0,003	30	-0,003 -0,006	0,002 bis 0,006	0,01	95+0,022	145+/-0,1	109	1,0+/-0,1	0,0035	96	+0,022
Junior	30	-0,003	30	-0,003 -0,006	0,002 bis 0,006	0,01	95+0,022	145+/-0,1	109	0,7 bis 0,8	0,0035	96	+0,022
P 122 208	30	-0,003	30	-0,003 -0,006	0,002 bis 0,006	0,01	95+0,022	145+/-0,1	109	1,0+/-0,1	0,0035	96	+0,022
P 133	30	-0,003	30	-0,003 -0,006	0,002 bis 0,006	0,01	95+0,022	145+/-0,1	109	1,0+/-0,1	0,0035	96	+0,022
Super	30	-0,003	30	-0,003 -0,006	0,002 bis 0,006	0,01	95+0,022	145+/-0,1	109	0,7 bis 0,8	0,0035	96	+0,022
P 144	30	-0,003	30	-0,003 -0,006	0,002 bis 0,006	0,01	95+0,022	145+/-0,1	109	1,0+/-0,1	0,0035	96	+0,022
Master	30	-0,003	30	-0,003 -0,006	0,002 bis 0,006	0,01	95+0,022	145+/-0,1	109	0,7 bis 0,8	0,0035	96	+0,022
AP 16	30	-0,003	30	-0,003 -0,006	0,002 bis 0,006	0,04–0,07	95+0,022	145+/-0,1	109	1,0+/-0,1	0,0035	96	+0,022
AP 17	30	-0,003	30	-0,003 -0,006	0,002 bis 0,006	0,04–0,07	95+0,022	145+/-0,1	109	1,0+/-0,1	0,0035	96	+0,022
AP 18	30	-0,003	30	-0,003 -0,006	0,002 bis 0,006	0,01	95+0,022	145+/-0,1	109	1,0+/-0,1	0,0035	96	+0,022
AP 22	30	-0,003	30	-0,003 -0,006	0,002 bis 0,006	0,01	95+0,022	145+/-0,1	109	1,0+/-0,1	0,0035	96	+0,022
Standard	30	-0,003	30	-0,003 -0,006	0,002 bis 0,006	0,01	95+0,022	145+/-0,1	109	0,7 bis 0,8	0,0035	96	+0,022

[1] Nur gleichfarbig bezeichnete Kolben und Kolbenbolzen verwenden. [2] Bei Leistungssteigerung der Motoren P 111, P 122, P 133 und P 144 Auflagefläche des Zylinderkopfes am Zylinder 0,4 mm abdrehen. [3] Spaltmaß am äußersten Kolbenrand messen.

Zylinderkopf und Ventile

Schlepper Typ	Auslass Durchmesser des Ventil tellers	Einlass Durchmesser des Ventiltellers	Ventilsitzwinkel	[1] Sitzbreite für Ein- und Auslassventil	Spiel des Ventilschaftes Einlass	Spiel des Ventilschaftes Auslass	[2] Durchmesser des Ventilhalses	Toleranz	Hub der Ventile bei Spiel 0	Korrekturwinkel z. Herstellen der Sitzbreite	
	mm	mm	Gr.	mm	mm	mm	mm		mm	Grad	Bemerkungen
P 111	34	38	45	1,5–2,0	0,04–0,6	0,07–0,09	5,9	-0,1	9,6 bis 10	30 u. 75	[1] Auslauf des Sitzwinkels in Mitte Ringquerschnitt. [2] Ventil muss sich in Keilhälften drehen.
Junior	34	38	45	1,5–2,0	0,04–0,6	0,07–0,09	5,9	0,1	12 bis 12,4	30 u. 75	
P 122 208	34	38	45	1,5–2,0	0,04–0,6	0,07–0,09	5,9	0,1	9,6 bis 10	30 u. 75	
P 133	34	38	45	1,5–2,0	0,04–0,6	0,07–0,09	5,9	0,1	9,6 bis 10	30 u. 75	
Super	34	38	45	1,5–2,0	0,04–0,6	0,07–0,09	5,9	0,1	12 bis 12,4	30 u. 75	
P 144	34	38	45	1,5–2,0	0,04–0,6	0,07–0,09	5,9	0,1	9,6 bis 10	30 u. 75	
Master	34	38	45	1,5–2,0	0,04–0,6	0,07–0,09	5,9	0,1	12 bis 12,4	30 u. 75	
AP 16	34	38	45	1,5–2,0	0,04–0,6	0,07–0,09	5,9	0,1	9,6 bis 10	30 u. 75	
AP 17	34	38	45	1,5–2,0	0,04–0,6	0,07–0,09	5,9	0,1	9,6 bis 10	30 u. 75	
AP 18	34	38	45	1,5–2,0	0,04–0,6	0,07–0,09	5,9	0,1	9,6 bis 10	30 u. 75	
AP 22	34	38	45	1,5–2,0	0,04–0,6	0,07–0,09	5,9	0,1	9,6 bis 10	30 u. 75	
Standard	34	38	45	1,5–2,0	0,04–0,6	0,07–0,09	5,9	0,1	12 bis 12,4	30 u. 75	

Zylinderkopf und Ventile

Schlepper Typ	[1] Ventiltiefe gemesssen von Zylinderkopfboden bis Ventilteller	[2] Pressung der Ventilsitzringe im Zylinderkopf bei 20°	2 Pressung der Ventilführungen bei 20°	[3] Länge der äußeren Ventilfeder ungespannt	[4] Länge der inneren Venti feder ungespannt	Übersetzungsverhältnis der Kipphebel	Ventilspiel bei kaltem Motor ca. 20°	[5] Volumen der Wirbelkammer bei montierter Düse und Glühkerze	
	mm	mm	mm	mm	mm		mm	cm^3	Bemerkung
P 111	1,5–3,2	0,165–0,2	0,02–0,045	46,7	45,2	1,2:1	0,20	34,5+/-0,5	[1] 3,5 mm ist größtes Verschleißmaß. Unter 1,5 mm besteht Gefahr, dass Ventil auf Kolben aufschlägt.
Junior	1,5–3,2	0,165–0,2	0,02–0,045	46,7	45,2	1,5:1	0,20	34,5+/-0,5	
P 122 208	1,5–3,2	0,165–0,2	0,02–0,045	46,7	45,2	1,2:1	0,20	34,5+/-0,5	
P 133	1,5–3,2	0,165–0,2	0,02–0,045	46,7	45,2	1,2:1	0,20	34,5+/-0,5	[2] Ventilsitze und Ventilführungen sind eim Auswechseln wieder einzueisen.
Super	1,5–3,2	0,165–0,2	0,02–0,045	46,7	45,2	1,5:1	0,20	34,5+/-0,5	
P 144	1,5–3,2	0,165–0,2	0,02–0,045	46,7	45,2	1,2:1	0,20	34,5+/-0,5	[3] Bei 20 mm Pressung erzeugt Feder 12,8 kg Druck.
Master	1,5–3,2	0,165–0,2	0,02–0,045	46,7	45,2	1,5:1	0,20	34,5+/-0,5	[4] Auf 20 mm Pressung-erzeugt Feder 7 kg Druck.
AP 16	1,5–3,2	0,165–0,2	0,02–0,045	46,7	45,2	1,2:1	0,20	34,5+/-0,5	
AP 17	1,5–3,2	0,165–0,2	0,02–0,045	46,7	45,2	1,2:1	0,20	34,5+/-0,5	[5] Ersatz-Zylinderköpfe sind ab August 1958 nur noch mit Wirbelkammern 29 cm^3 für AP 16 und AP 17, für die übrigen Motoren mit 3 4,5+/-0,5 lieferbar.
AP 18	1,5–3,2	0,165–0,2	0,02–0,045	46,7	45,2	1,2:1	0,20	34,5+/-0,5	
AP 22	1,5–3,2	0,165–0,2	0,02–0,045	46,7	45,2	1,2:1	0,20	34,5+/-0,5	
Standard	1,5–3,2	0,165–0,2	0,02–0,045	46,7	45,2	1,5:1	0,20	34,5+/-0,5	

Nockenwelle und Steuerung

Schlepper-typ	Führung der Nockenwelle axial geschieht durch	Spiel der Nockenwelle axial	Zulässiger Höhenschlag der Nockenwelle	Spiel der Nockenwelle in den Gleitlagern radial	Höhe der Ventilnocken Ventilzeiten bei 0,2 mm Spiel	Einlass öffnet vor OT Ventil-zeiten bei 0,2 mm Spiel	Einlass schließt nach UT Ventil-zeiten bei 0,2 mm Spiel	Auslass öffnet vor UT Ventilzeiten bei 0,2 mm Spiel	Auslass schließt nach OT Ventil-zeiten bei 0,2 mm Spiel
		mm	mm	mm	mm	Grad	Grad	Grad	Grad
P 111	Anlauffläche am vord. Motordeckel	0,2–0,3	0,02	0,05–0,075	7,8	17	45	45	17
Junior	Anlauffläche am vord. Motordeckel	0,2–0,3	0,02	0,05–0,075	8,1	19	45	45	19
P 122 208	Anlauffläche am vord. Motordeckel	0,2–0,3	0,02	0,05–0,075	7,8	17	43	43	17
P 133	Anlauffläche am vord. Motordeckel	0,2–0,3	0,02	0,05–0,075	7,8	17	43	43	17
Super	Anlauffläche am vord. Motordeckel	0,2–0,3	0,02	0,05–0,075	8,1	19	45	45	19
P 144	Anlauffläche am vord. Motordeckel	0,2–0,3	0,02	0,05–0,075	7,8	17	43	43	17
Master	Anlauffläche am vord. Motordeckel	0,2–0,3	0,02	0,05–0,075	8,1	19	45	45	19
AP 16	Anlauffläche am vord. Motordeckel	0,2–0,3	0,02	0,05–0,075	8,1	17	43	43	17
AP 17	Anlauffläche am vord. Motordeckel	0,2–0,3	0,02	0,05–0,075	8,1	17	43	43	17
AP 18	Anlauffläche am vord. Motordeckel	0,2–0,3	0,02	0,05–0,075	8,1	17	43	43	17
AP 22	Anlauffläche am vord. Motordeckel	0,2–0,3	0,02	0,05–0,075	8,1	17	43	43	17
	Anlauffläche am vord. Motordeckel	0,2–0,3	0,02	0,05–0,075	8,1	19	43	43	19

Förderbeginn und Pumpenstößel

Schlepper Typ	Ausführung	Förderbeginn vor OT am Schwunradumfang gemessen	Förderbeginn in Grad Kurbelwinkel	mm am Schwunradumfang = 1 °	[1] Grundeinstellung des Pumpenstößel (ohne Dichtung)	[2] 0,1 mm Verstellung des Stößels = Veränderung des FB am Schwungradumfang	Art des Pumpenstößels, F = Flachstößel, R = Rollenstößel	Spiel des Pumpenstößels im Mat.-Gehäuse	Spiel der Stößelrolle axial im Stößel	Oberflächenhärte der Pumpenstößelfläche bzw. Lauf-Fläche der Rolle	Höhe der Einspritznocken (Hublänge der E-Pumpe)
		mm	Grad	mm	mm	mm		mm	mm	HRc °	mm
P 111		118	33	3,57	3,2+/-0,4	4,76	R	0,02 bis 0,065	0,04 bis 0,2	0,02 bis 0,065	0,04 bis 0,2
Junior	H V	115 121	34	3,37 3	2,8+/-0,4	4,76	R	0,02 bis 0,065	0,04 bis 0,2	0,02 bis 0,065	0,04 bis 0,2
P 122 208		118	33	3,57	4,8+/-0,4	4,76	R	0,02 bis 0,065	0,04 bis 0,2	0,02 bis 0,065	0,04 bis 0,2
P 133		118	33	3,57	3,2+/-0,4 u. 4,8+/-0,4	4,76	R	0,02 bis 0,065	0,04 bis 0,2	0,02 bis 0,065	0,04 bis 0,2
Super		121	34	3,57	2,8+/-0,4 u. 4,8+/-0,4	4,76	R	0,02 bis 0,065	0,04 bis 0,2	0,02 bis 0,065	0,04 bis 0,2
P 144		118	33	3,57	4,4+/-0,4	4,76	R	0,02 bis 0,065	0,04 bis 0,2	0,02 bis 0,065	0,04 bis 0,2
Master		121	34	3,57	4,4+/-0,4	4,76	R	0,02 bis 0,065	0,04 bis 0,2	0,02 bis 0,065	0,04 bis 0,2
AP 16		111	32	3,47	1,8–3,6	4,63	F	0,025 bis 0,075	0,04 bis	0,025 bis 0,075	0,04 bis 0,2
AP 17		111	32	3,47	1,8–3,6	4,63	F	0,025 bis 0,075	0,04 bis	0,025 bis 0,075	0,04 bis 0,2
AP 18		121	35	3,47	1,8 bis 3,6	4,63	F	0,025 bis 0,075	0,04 bis	0,025 bis 0,075	0,04 bis 0,2
AP 22		131	38	3,47	1,8–3,6	4,63	F	0,025 bis 0,075	0,04 bis	0,025 bis 0,075	0,04 bis 0,2
Standard		118	34	3,47	2,8+/-0,4	4,63	FW	0,025 bis 0,075		0,025 bis 0,075	0,04 bis 0,2

[1] Bei Grundeinstellung muss Stößelauf Grundkreis des Einspritznockens stehen. Bei Einzelpumpe steht Stößel gegen Auflagefläche der E.-Pumpe zurück; bei Doppelpumpe steht Stößel über.
[2] Verkürzung des Stößels = späterer, Verlängerung = frühererFöderbeginn.

Einspritzpumpe

Schlepper-typ	Bosch-Bezeichnung	Regelweg 6	Regelweg 12	Regelweg 18	[1] 200 U/min d. Nockenwelle u. Regelweg 12	Späterer Förderbeginn ab Regelweg 14 (Anlassnut)	Max. Regelweg bei hochgeklapptem Anschlag	[2] Querschnitt der Einspritzleitungen	Regellast bei Vollast d. Motors	
		1000 U/min der Nockenwelle bei			Fördermenge pro 100 Hub					
	cm^3	cm^3	cm^3	cm^3	Grad	mm		mm	mm	Bemerkungen
P 111	PF 1 A 60 BS 85/2	1–1,7	4,8–5,2	8,4–9,2	3,9–4,6	8–10	20	12	6x1,5	[1] In allen Motoren sind Düsen DN30 S2 eingbaut. Einspritz-druck = 150 atü. 1 Entspricht etwa der Anlasserdrehzahl. [2] Außendurch-messer = 6 mm, Wand-stärke = 1,5 mm, demnach Durch-messer der Bohrung 3 mm. Leitungen mit Querschnitt 6x2 sind gegen Leitungen 6x1,5 auszuwechseln.
Junior[3]	PF 1 A 60 BS 85/2	1–1,7	4,8–5,2	8,4–9,2	3,9–4,6	8–10	20	12	6x1,5	
P 122 208	PF 2 A 60 B 108/2	1–1,7	4,8–5,2	8,4–9,2	3,9–4,6	8–10	18–20	12	6x1,5	
P 133	PF 1 A 60 BS 85/2 u. PF A 60 B 108/2	1–1,7	4,8–5,2	8,4–9,2	3,9–4,6	8–10	18–20	12	6x1,5	
Super	PF 1 A 60 BS 85/2 u. PF A 60 B 108/2	1–1,7	4,8–5,2	8,4–9,2	3,9–4,6	8–10	18–20	12	6x1,5	
P 144	PF 2 A 60 B 108/2	1–1,7	4,8–5,2	8,4–9,2	3,9–4,6	8–10	18–20	12	6x1,5	
Master	PF 2 A 60 B 108/2	1–1,7	4,8–5,2	8,4–9,2	3,9–4,6	8–10	18–20	12	6x1,5	
AP 16	PF 1 A 60 BS 85/2	1–1,7	4,8–5,2	8,4–9,2	3,9–4,6	8–10	18	11	6x1,5	
AP 17	PF 1 A 60 BS 85/2	1–1,7	4,8–5,2	8,4–9,2	3,9–4,6	8–10	18	11	6x1,5	
AP 18	PF 1 A 60 BS 85/2	1–1,7	4,8–5,2	8,4–9,2	3,9–4,6	8–10	18	11	6x1,5	
AP 22	PF 1 A 60 BS 85/2	1–1,7	4,8–5,2	8,4–9,2	3,9–4,6	8–10	18	12	6x1,5	
Standard	PF 1 A 60 BS 85/2	1–1,7	4,8–5,2	8,4–9,2	3,9–4,6	8–10	18–20	12	6x1,5	

Regler

Schlepper Typ	Regelweg am Angriffspunkt des Fliehgewichts	Überstehende Länge des Reglerstiftes bei geschlossenem Fliehgewicht	Länge der Reglerfeder ungespannt – Maß der Windungen	[1]Axialspiel der Fliehgewichte	Axialspiel der Reglerwelle (Gabel- oder Fingerwelle)	Drehzahl der Fliehgewichte bei Nenndrehzahl	Bemerkung
	mm	mm	mm	mm	mm	U / mm	
P 111	ca. 4			[1]0,3–0,3	0,4	5425	[1]Fliehgewichte müssen fest auf der Walze sitzen. Walze muss sich im Reglerbock bzw. in den Augen der Flanschplatte leicht drehen können. [2]Auf 45 mm Passung = 10 kg Druck.
Junior	ca. 4			0,3–0,3	0,4	5550	
P 122 208	mind. 7,5	max. 3,5 +/- 0,1	30	0,3–0,3	0,4	2000	
P 133	mind. 7,5	max. 3,5 +/- 0,1	30	0,3–0,3	0,4	2000	
Super	mind. 7,5	max. 3,5 +/- 0,1	36	0,3–0,3	0,4	2000	
P 144	mind. 7,5	max. 3,5 +/- 0,1	30	0,3–0,3	0,4	2000	
Master	mind. 7,5	max. 3,5 +/- 0,1	36	0,3–0,3	0,4	2000	
AP 16	4,2		[2]88	0,3–0,3	0,4	4940	
AP 17	4,2		88	0,3–0,3	0,4	4940	
	4,2		88	0,3–0,3	0,4	4940	
AP 22	4,2		88	0,3–0,3	0,4	4940	
Standard	4,2		88	0,3–0,3	0,4	4940	

Schmierölpumpe (Zahnradpumpen)

Schlepper Typ	Födermenge pro 100 Umdreh.	Födermenge d. Ölpumpe bei Motordrehzahl 2000 U/min.	Drehzahl der Ölpumpe bei Nenndrehzahl des Motors	bei Nenndrehzahl Min. Öldruck	[1] bei niederer Leerlaufdrehzahl Min. Öldruck	Zahnradbreite	Toleranz	Achsabstand der Zahnräder	Axialspiel der Zahnräder	Spiel zwischen Gehäuse und Kopfkreis der Zahnräder	
	cm³	ltr./min.	U/min	atü	atü	mm	mm	mm	mm	Grad	Bemerkungen
P 111			2200		0,6	14	-0,016 -0,043	-28,8	0,07 bis 0,13	0,025 bis 0,075	[1] Öltemperatur 80 °
Junior	622	14	2500	2	0,6	18	-0,016 0,043	28,8	0,07 bis 0,13	0,025 bis 0,075	
P 122 208	1400	14	1000	2	0,6	16	-0,016 -0,043	43,198	0,04 bis 0,08	0,04 bis 0,1	
P 133	1600	16	1000	2	0,6	17	-0,016 0,043	49,38	0,04 bis 0,08	0,06 bis 0,1	
Super	1700	17	1000	2	0,6	17	-0,016 0,043	49,38	0,04 bis 0,08	0,06 bis 0,1	
P 144	2200	22	1000	2	0,6	22	-0,01 -0,03	49,38	0,04 bis 0,08	0,06 bis 0,1	
Master	2200	22	1000	2	0,6	22	-0,01 -0,03	49,38	0,04 bis 0,08	0,06 bis 0,1	
AP 16	840	10,5	1250	2	0,6	12	-0,016 -0,043	43,198	0,02 bis 0,07	0,05 bis 0,075	
AP 17	840	10,5	1250	2	0,6	12	-0,016 -0,043	43,198	0,02 bis 0,07	0,05 bis 0,075	
AP 18	1120	14	1250	2	0,6	16	-0,016 -0,043	43,198	0,02 bis 0,07	0,025 bis 0,075	
AP 22	1120	14	1250	2	0,6	16	-0,016 -0,043	43,198	0,02 bis 0,07	0,025 bis 0,075	
Standard	1136	14,2	1250	2	0,6	16	-0,016 -0,043	43,198	0,02 bis 0,07	0,025 bis 0,075	

Kolbenölpumpe nur bei P 111

Hub	Durchmesser des Exzenterzapfens	Spiel der Schubstange auf Exzenterzapfen	Länge der Schubstange von Kolbenboden bis Exzentermitte	Kontrollmaß im OT der Pumpe	Fördermenge bei Nenn-drehzahl des Motors	Spiel des Kolbens im Pumpen-gehäuse	
mm	mm	mm	mm	mm	Ltr. / min.	mm	Bemerkungen
13,0+/-0,1 und 10/-0,1	56−0,03 bis -0,049 und 57−0,03 bis -0,049	axial 0,03 bis 0,04 und radial 0,03 bis 0,08	175,5+0,2	2,5+0,3 bei Hub 13 und 2,0+0,3 bei Hub 12	10,5	2,5+0,3 bei Hub 13 und 2,0+0,3 bei Hub 12	[1] Überdruckventil eingestellt auf 50 bar. Motoren mit Feder und Kugel im Saugventil der Kolbenöll-pumpe, müssen die Kolbenölpumpe mit Kugelführung, Rolle und Überdruckventil erhalten. P 111-Motoren, die auf 14 PS umgebaut werden, müssen eine Zahnradölpumpe erhalten.

Gebläse

Schlepper Typ	Drehzahl bei Nenndrehzahl des Motors	Kühlluftmenge	Thermostatlänge geschlossene Luftklappe	Thermostatlänge geöffnete Luftklappe	Zylinder 1 Luftschlitzbreite Austritt	Zylinder 2 Luftschlitzbreite Austritt	Zylinder 3 Luftschlitzbreite Austritt	Zylinder 4 Luftschlitzbreite Austritt	Einbauspiel der Gebläseantriebswelle axial	
	U/min	ltr/sec	mm	mm	mm	mm	mm	mm	mm	Bemerkungen
P 111	5425	172			14					[1] gemessen mit Abdeckblech und Ansatz in der Mitte der Stirnfläche. [2] nur Standard H. [3] nur Junior H.
Junior	5550	172	34[3])	40[3])	14					
P 122 208	4940	355			14	23			0,3–0,6	
P 133	4940	525			14	17	23		0,3–0,6	
Super	4940	525			14	17	23		0,3–0,6	
P 144	4940	595			14	17	22	28	0,3–0,6	
Master	4940	595			14	17	22	28	0,3–0,6	
AP 16	4940	310			14	23			0–0,1	
AP 17	4940	310			14	23			0–0,1	
AP 18	4940	310			14	23			0–0,1	
AP 22	4940	310			14	23			0–0,1	
	4940	310	34[2])	40[2])	14	23			0–0,1	

Kupplung

Schlepper Typ	Kupplungs-typ F & S	Maß von Ausrückring bis Abschluss-Platte bei eingebauter Kupplung	Maß von Ausrückring bis Abschluss-Platte bei eingebauter Kupplung	Spiel am Pedal	Ausrück-weg an Einstel - schrauben	Zulässiger Planschlag des Ausrückrings	Spiel zwischen Ausrückring und Grafitring	Max. Weg des Ausrückrings	Spalt in der hydraulischen Kupplung	
				mm		mm	mm	mm	mm	Bemerkungen
P 111	K 10	K10=26 mm	K10=26 mm	14		0,03	1,5	7,0		[1] Durch Begrenzung festgelegt.
Junior	K 10	K 10 = 27 mm	K10=26 mm	15–20		0,03	1,5	7,0		
P 122 208	K 12 VZ	K 12 = 30 mm	K10=30 mm	10–15	K 12= 6,3 mm	0,03	2,0	8,0	2+/-0,4	[2] Gesamtweg für beide Stufen. Fahrkupplung ca. 7,5 mm.
P 133	G 22 Z	GZ 22/= 40 mm	G22Z=40 mm	10–15	G 22 / Z = 19 mm	0,03	2,0	10,0	2+/-0,4	
Super N	G 22 Z	GZ 22/= 41 mm	G 22 Z=40 mm	10–15	G 22 / Z = 20 mm	0,03	2,0	10,0	2+/-0,4	
Super L[3]	DO 22/16 K	DO 22/16 = 64 mm	DO22/ 16K=64 mm	15–18	[1]	0,03	3,0	13,0	2+/-0,4	[3] Spiel zwischen Kontermuttern und Druckplättchen=1,7 mm.
P 144	GZ 30 Z	G 30 = 44,5 mm	G30 = 44,5 mm	18	19 mm	0,03	3,0	13,0	2+/-0,4	
Master[3]	DO 30/22 K	DO 30/22 K	DO30/ 22K=66 mm	25–30	[1]	0,03	3,0	13,0[2]	2+/-0,4	
AP 16	K 12 VZ	K 12 = 30 mm	K10 = 30 mm	10–15	K12= 16,3 mm	0,03	2,0	8,0	2+/-0,4	
AP 17	K 12 VZ	K 12 = 30 mm	K10 = 30 mm	10–15	K12= 16,3 mm	0,03	2,0	8,0	2+/-0,4	
AP 18	K 12 VZ	K 12 = 30 mm	K10 = 30 mm	10–15	K 12 = 16,3 mm	0,03	2,0	8,0	2+/-0,4	
	K 12 VZ	K 12 = 30 mm	K10=30 mm	10–15	K12= 16,3 mm	0,03	2,0	8,0	2+/-0,4	
Standard	K 12 VZ	K 12=30 mm	K10=30 mm	10–15	K 12 = 19 mm	0,03	2,0	8,0		

Anzugsmomente

Düsenhalter im Zylinderkopf	Düse im Halter	[1] Zylinderkopf	[2] Pleuelschrauben	[3] Gegengewicht	Hauptlagerdeckel Gewinde M 12	Hauptlagerring Befestigung im Motor-Gehäuse M 10	Hauptlagerring Befestigung im Motor-Gehäuse M 16	Schrauben Schwungrad M 12 10 K	Schrauben Schwungrad M 12 12 K
mkg	mkg	mkg	mkg	mkg	mkg	mkg	mkg	mkg	mkg
8	6	5,5+/-0,5	6,5+/-0,5	10+/-0,5	8+/-0,5	4,5+/-0,5	18+/-0,5	10,5+/-0,5	12+/-0,5

Bemerkungen

Allgemeines: Die angegebenen Werte gelten für alle Porsche-Diesel-Motoren.

[1] Zylinderköpfe dürfen nur im kalten Zustand und stufenweise über Kreuz, angezogen werden. Bei Demontage der Zylinderköpfe sind die Muttern ebenfalls nur im kalten Zustand, stufenweise, über Kreuz zu lösen. Beim Nachziehen der Zylinderköpfe sind die Mutten 1/4 Umdrehung zu lösen und dann auf das richtige Drehmoment festzuziehen.

[2] Pleuelschrauben müssen bei jeder Demontage erneuert werden. [3] Die Auflageflächen der Gegengewichte und der Kurbelwelle müssen plan sein.

Kraftheber

Schlepper Typ	Krafthebertyp²) Arbeitsvermögen	Hubkraft am Dreipunktgestänge	Prüflast am 1 m langen Hubarm	Überdruckventil Betriebsdruck max	Gesamthub der Hubarme am Ende	gehoben	gesenkt	Zwangsläufige Abschaltung mm vor OT / am Umfang der Hubwelle gemessen	Bodenventil im Kolben öffnet vor OT / Umfang Hubwelle gemessen	Kolbendurchmesser	Kolbenweg	Kolbenweg
		kg	kg	atü	mm	Grad		mm	mm	mm	mm	mm
P 111	250	500	250	110	262	54	14	15		65	120	1000
Junior	Gotec 390	580	300	125	288	42	29			75,5		1200
P 122 208	400 550	400 500	600 750	110 125	110 125	50 50	22 22	20 20	10 10	92 92	110 110	1280[3] 1480
P 133	700	800	415	110	340	49	30	20	10	85	146	1540
Super	800	100	520	125	340	49	30	20	10	85	146	1925
P 144	700	800	415	110	340	49	30	20	10	85	146	1540
Master	800	1000	520	125	340	49	30	20	10	85	146	1925
AP 16	400	600	320	110	275	50	22	20	10	92	110	1280
AP 17	400[1]	600	320	110	275	50	22	20	10	92	110	1280
AP 18	400	600	320	110	275	50	22	20	10	92	110	1280[3]
AP 22	550	750	400	125	308	50	22	20	10	92	110	1480
Standard	550	750	400	125	308	50	22	20	10	92	110	1480

[1] Dieser Kraftheber kann auf AP 17 ab Baujahr 1952 aufgebaut werden.[2] Die Krafheber 400 mkg Die Kraftheber 400 mkg und 700 mkg unterscheiden sich von den Krafthebern 550 mkg und 800 mkg durch erhöhten Öldruck. Sie können wahlweise, ohne Veränderungen, auf die angegebenen Schlepper aufgebaut werden. [3] siehe Seite 38.

Kraftheberpumpe

Schlepper Typ	Type	Drehzahl Pumpe bei Nenndrehzahl Mat.	Fördermenge bei Nenndrehzahl Mat.	P max	Innendurchmesser der Saugleitung	
		U / min	l / min	bar	mm	Bemerkungen
P 111	Plessey 1 H 080[1] Gotec ZP 36 / 2[1]	2810 2810	10,0 10,0	105 125	13 13	[1] Rechtslauf. [2] Linkslauf. Bitte beachten: Lagerung der Pumpenantriebswelle im Motorengehäuse bei Motoren P 122, P 133, P 144, Super und Master für Plessey-Pumpen 1 H 080 und Gotec-Pumpen 48 / 2 mittels Exzenterring. Die Antriebswelle für die übrigen Pumpen ist im Zentrierring gelagert.
Junior	Gotec ZP 36 / 2[1]	2870	10,0	125	13	
Standard	Gotec ZP 48 / 1[2]	3200	15,0	125	13	
AP	Plessey 1 H 080[2] Gotex ZP 48 / 1[2]	3200 3200	11,5 15,0	105 125	13 13	
Super	Gotex ZP 48 / 1[2] Plessey 2 H 24[2]	3135 2240	15,0 22,0	125 105	13 15	
Master	Gotex ZP 86 / 1[2] Gotex ZP 48 / 1[2] Plessey 2 H 24[2]	2240 3135 2240	19,0 15,0 22,0	125 125 105	15 13 15	
P 122	Plessey 1 H 080[2]	3135	11,0	105	13	
P 133	Plessey 1 H 80[2] Plessey 2 H 24[2] Teves 11 ltr.[2] Teves 20 ltr.[2] Bosch 14 ltr.[2]	3135 2240 2240 2240 2240	11,0 22,0 11,0 20,0 14,0	105 105 100 100 140	13 15 15 15 15	
P 144	Plessey 1 H 080[2] Plessey 2 H 24[2] Teves 20 ltr.[2] Bosch 14 ltr.[2]	3135 2240 2240 2240	11,0 22,0 20,0 14,0	105 105 100 140	13 15 15 15	

Kontrolldaten

Schlepper Typ	Nennleistung nach DIN 70 020	Hubraum	Hubraum-leistung	Verhältnis Hub/Bohrung	Verdich-tungs-verhältnis	[1]Kompres-sionsdruck (min.)	Kraftstoff-verbrauch bei max. Dreh-moment	Max. Ölverbrauch	
	PS	cm³	PS/L		atü	atü	g/PSh	g/PSh	Bemerkungen
P 111	12	822	14,6	1,22	19:1	18	205	2,00	
Junior	15	822	17,0	1,22	19:1	18	185	2,00	[1]Kompressionsdruck wird gemessen bei Anlassdrehzahl und warmer Maschine.
P 122 208	22	1644	13,4	1,22	19:1	18	200	2,00	
P 133	33	2467	13,4	1,22	19:1	18	195	2,00	
Super	38	2467	15,4	1,22	19:1	18	185	2,00	Nur der zu messende Zylinder darf Kompressionsdruck haben.
P 144	44	3289	13,4	1,22	19:1	18	195	2,00	
Master	50	3289	15,2	1,22	19:1	18	185	2,00	
AP 16	16	1374	11,6	1,20	19:1	18	200	2,00	
AP 17	18	1374	13,1	1,20	19:1	18	200	2,00	
AP 18	18	1531	11,8	1,14	19:1	18	200	2,00	
AP 22	22	1531	14,4	1,14	19:1	18	200	2,00	
Standard	25	1644	15,2	1,22	19:1	18	1,85	2,00	

Drehzahlen, Drehmomente

Schlepper Typ	Nenndrehzahl des Motors	Kurbelwelle (U max.)	Gebläse	vord. Zapfwelle	vord. Zapfwelle	Mähantrieb	mittlere Kolbengeschwindigkeit bei Nenndrehzahl des Motors	Drehmoment bei Nennleistung und Nenndrehzahl	max. Drehmoment
	U / min	U / min	U / min	U / min	U / min	U / min	m / sec	mkg	mkg
P 111	2200	5970	5970				8,5	3,80	3,85
Junior	2250	2475	6100			1038	8,7	4,45	4,8
P 122 208	2000	2200	5430	1100	1000		7,7	8,20	9,1
P 133	2000	2200	5430	1100	1000		7,7	12,10	13,8
Super	2000	2000	5430	1100	1000	1032 (308L)	7,7	13,60	13,8
P 144	2000	2200	5430	1100	1000		7,7	15,90	17,1
Master	2000	2200	5430	1100	1000		7,7	17,90	18,2
	2000	2150	5300			1400	7,2	6,00	6,6
AP 17	2000	2150	5300			1400	7,2	6,60	6,9
AP 18	2000	2150	5300			1400	7,2	6,75	7,6
AP 22	2000	2150	5300			1400	7,2	7,80	7,85
Standard	2000	2150	5300			1400	7,7	8,95	9,3

Drehzahlen Normzapfwellen

Schlepper Typ	Normzapf-welle	Riemen-scheibe auf Norm-zapfwelle	[1] Riemen-scheibe auf vord. Zapfwelle	Normzapf-welle	Riemen-scheibe auf Normzapf-welle	Riemen-scheibe auf vord. Zapfwelle	Drehzahl 540 U/min d. Normzapf-welle bei Mo-tordrehzahl	Riemen-scheiben-durch-messer	Riemen-scheiben-breite	
	U/min	U/min	U/min	U/min	U/min	U/min	U/min	mm	mm	Bemerkungen
P 111	275 Li. 550 Re.	2104 Li. 1052 Re.		306 Li. 612 Re.	2344 Li. 1172 Re.		2160	160	110	[1] Beim Master und P 144 ist bei Anbau der Riemenscheibe an der vorderen Zapfwelle die Riemenscheibe vom Super zu verwenden.
Junior	611	1833		666	1999		1989	180	100	
P 122 208	615	1486		676	1632	2658	1757	220	150	
P 133	615	1486	2416	676	1732	2658	1757	220	150	
Super	615	1486	2416	676	1632	2658	1757	220	150	
P 144	654	1459 m. Z. 1662 o. Z.	2416	720	1603 m. Z. 1829 o. Z.	2658 [1]	1652	300	150	
Master	551	1229	2416	606	1352	2658 [1]	1961	300	150	
AP 16	615	1486	2416	661	1598		1757	220	150	
AP 17	615	1486		661	1598		1757	220	150	
AP 18	615	1486		661	1598		1757	220	150	
AP 22	615	1486		661	1598		1757	220	150	
Standard	615	1486		661	1598		1757	220	150	

Zapfwellenleistung

Schlepper Typ	Zapfwellenleistung bei Nennleistung des Motors	Riemengeschwindigkeit auf vorderer Zapfwelle	Riemengeschwindigkeit bei Riemenscheibe auf Normzapfwelle u. Nenndrehzahl	Übersetzung der Riemenscheibe	Übersetzung der Normzapfwelle zur Kurbelwelle	Übersetzung der vorderen Zapfwelle	
	PS	m / sec	m / sec				Bemerkungen
P 111	9,0		17,63 Li[1] 8,82 Re.[1]	1:1,046	Li. 8:1 Re. 4:1		[1]Riemenscheibe bei P 111 am Getriebe angebaut [2]Riemescheibe mit durchgehender Zapfwelle
Junior	12,4		17,28	1:3,9	3,68:1		
P 122 208	20,6	27,8	17,1	1:2,42	3,25:1		
P 133	30,9	27,8	17,1	1:2,42	3,25:1	2:1	
Super	35,6	27,8	17,1	1:2,42	3,25:1	2:1	
P 144	41,2	27,8	22,9 [2] 26,1	1:2,23[2] 1:2,54	3,06:1	2:1	
Master	46,8	27,8	19,3	1:2,23	3,63:1	2:1	
AP 16	15		17,1	1:2,42	3,25:1	2:1	
AP 17	16,8		17,1	1:2,42	3,25:1		
AP 18	16,8		17,1	1:2,42	3,25:1		
AP 22	20,6		17,1	1:2,42	3,25:1		
Standard	23,4		17,1	1:2,42	3,25:1		

Ölfüllmengen,Ölsorten, Viskositäten

Schlepper Typ	Motor Menge	Motor Sommer Viskosität[1]	Motor Winter Viskosität[1]	Gertiebe Menge	Getriebe Viskosität	Portalachse Menge pro Seite	Portalachse Viskosität	Ansaugluftfilter Menge pro Einheit	Ansaugluftfilter Viskosität	
	ltr.	SAE	SAE	ltr.	SAE	ltr.	SAE	ltr.	SAE	Bemerkungen
P 111	5,0	20	10	6,0[2]	90	2	90	0,2	10 bis 30	[1] Sommeröl: Vom 1. April bis 31. Oktober. Bei Temperaturen über +20° C (Tropen) ist SAE 30 zu verwenden.
Junior	5,0	20	10	8,5[2]	90	1,6	90	0,2	10 bis 30	
P 122 208	5,6	20	10	20,0	90	2	90	0,2	10 bis 30	
P 133	10,5	20	10	20,0	90	2	90	0,2	10 bis 30	
Super	10,5	20	10	20[2]	90	2	90	0,2	10 bis 30	[2]) Bei Junior L=9,5 Liter, bei Super L 25 Liter.
P 144	15,0	20	10	23,0	90			0,2	10 bis 30	
Master	15,0	20	10	44,0	90			0,2	10 bis 30	
AP 16	5,5	20	10	20,0	90	2	90	0,2	10 bis 30	
AP 17	5,5	20	10	20,0	90	2	90	0,2	10 bis 30	
AP 18	5,5	20	10	20,0	90	2	90	0,2	10 bis 30	
AP 22	5,5	20	10	20,0	90	2	90	0,2	10 bis 30	
Standard	5,5	20	10	20,0	90	2	90	0,2	10 bis 30	

Ölfüllmengen, Ölsorten, Tankinhalt

Schlepper Typ	Menge Riemenscheibe	Viskosität Getriebeöl	Menge Lenkung	Viskosität Getriebeöl	[1] Menge Kraftheber	Viskosität Hydrauliköl	[2] Menge Hydraulik-Kupplung	Viskosität Hydrauliköl	[3] Füllmenge im Kraftstofftank	
	ltr.	SAE	ltr.	SAE	ltr.	SAE	ltr.	SAE	ltr.	Bemerkungen
P 111			0,9	90	3,0	10				[1] Bei Kraftheber 400 bzw. 550 mkg ist die Füllmenge ca. 4 Liter, bei Kraftheber 700 bzw. 800 mkg ist die Füllmenge 5 Liter.
Junior	0,75	90	1,9	90	3,0	10	~3,5	10		
P 122 208	0,40	90	0,5	90	4,6	10	~3,5	10		
P 133	0,40	90	0,5	90	5,2	10	~6,5	10		
Super	0,40	90	0,5	90	5,2	10	~6,5	10		
P 144	1,00	90	0,8	90	5,2	10	~7,2	10		[2] Der Stand versteht sich bis Unterkante der Einfüllbohrung.
Master	2,50	90	0,8	90	5,2	10	~7,2	10		
AP 16	1,00	90	0,5	90	4,6	10	~3,5			[3] Bei P 111 je nach Ausführung 18, 30,5 oder 35 Liter.
AP 17	1,00	90	0,5	90	4,6	10		10		
AP 18	1,00	90	0,5	90	4,6	10	~3,5			
AP 22	1,00	90	0,5	90	4,6	10		10		
Standard	1,00	90	0,5	90	4,6	10	~3,5	10		

Porsche-Diesel-4-Gang Getriebe P 111 Junior 4

Reifengröße	Wegdrehzahl der fahrabhängigen Zapfwelle 1100 UWZ=m am Hinterrad	V 4. Gang (Geschw.)	R 4. Gang (Geschw.)	V 3. Gang (Geschw.)	R 3. Gang (Geschw.)	V 2. Gang (Geschw.)	R 2. Gang (Geschw.)	V 1. Gang (Geschw.)	R 1. Gang (Geschw.)	V Drehzahl der Riemenscheibe max.	R Drehzahl der Riemenscheibe max		
Be-reifung	m	km/h	km/h	km/h	km/h	km/h	km/h	km/h	km/h	U/min	U/min		Bemerkung
7–24	18,21	15,6	7,8	8,2	4,1	5,8	2,6	3,3	1,6	2104	1052	Übersetzung:	[1] Bei Reifendruck 1,5 bar.
7–30	21,32	18,2	9,1	9,7	4,8	6,1	3,1	3,8	1,9			Triebling-Tellerrad 9 : 38	[2] Mit hydraulischer Kupplung
8–24	19,26	16,5	8,2	8,7	4,4	5,6	2,8	3,5	1,7			Portalachse 12 : 62	

ZF - Getriebe A 4 Junior

Reifengröße	Wegdrehzahl der fahrabhängigen Zapfwell[1] 100 UWZ=m am Hinterrad	6. Gang (Geschw.)	5. Gang (Geschw.)	4. Gang (Geschw.)	3. Gang (Geschw.)	2. Gang (Geschw.)	1. Gang (Geschw.)	Rückwärtsgang 1 (Geschw.)	Rückwärtsgang 2 (Geschw.)	Drehzahl der Riemenscheibe U/min		
Be-reifung	m	km/h	km/h	km/h	km/h	km/h	km/h	km/h	km/h	U/min		Bemerkung
7–24	22,0	22,0	13,3	8,2	5,5	3,3	1,9	1,4	5,6	1833	Übersetzung:	[1] Bei Reifendruck 1,5 bar.
7–30	19,9	19,9	12,0	7,4	5,0	3,0	1,8	1,3	5,1		Ritzel-Tellerrad 9:39	[2] Mit hydraulischer Kupplung
8–24	20,0	20,0	11,9	7,4	5,0	3,0	1,8	1,3	5,1		Portalachse 13:62	

Porsche-Diesel-5-Gang Getriebe P 133 Super

Reifengröße	[1]Tachowelle dreht auf 1 m Weg (Wegdrehzahl)	[1]100 U der WZ = m am Hinterrad	5. Gang (Fahrgeschw.)	4. Gang alt (Fahrgeschw.)	4. Gang neu (Fahrgeschw.)	3. Gang alt (Fahrgeschw.)	3. Gang neu (Fahrgeschw.)	2. Gang (Fahrgeschw.)	1. Gang (Fahrgeschw.)	Rückwärtsgang Super (Fahrgeschw.)	Rückwärtsgang Super L (Fahrgeschw.)	Kriechgang (Fahrgeschw.)	
	m	km/h	km/h	km/h	km/h	km/h	km/h	km/h	km/h	km/h	km/h		
													Übersetzung:
8–32	2,4	23,91	28,7	14,3	16,9	8,3	9,4	5,8	3,7	7,6	3,7	1,85	Triebling-
10–28	2,4	23,83	28,7	14,3	16,9	8,3	9,4	5,8	3,7	7,6	3,7	1,85	Tellerrad 8:31 Portalachse
11–28	2,3	25,11	30,2	15,0	17,9	8,8	9,9	6,1	3,9	8,0	3,9	1,95	10:39
													Übersetzung:
8–32	2,5	23,33	28,0	13,9		8,10	9,1	5,7	3,6	7,5	3,6	1,8	Triebling-
10–28	2,5	23,45	28,0	13,9		8,10	9,1	5,7	3,6	7,5	3,6	1,8	Tellerrad 8:31 Portalachse
11–28	2,4	24,51	29,4	14,6		8,5	9,6	6,0	3,8	7,8	3,8	1,89	10:40

Porsche-5-Gang-Getriebe sind wahlweise mit langsamem oder schnellem Rückwärtsgang ausgerüstet.
Nachträglicher Einbau nicht möglich.
Flankenspiel der Tellerränder = 0,25 – 0,4mm oder aufgeätztes Maß.
Nur Satzweise einbauen.

[1] Bei Reifendruck 1,5 atü.

Porsche-Diesel-5-Gang Getriebe P 133 Super

Reifengröße	1 Tachowelle dreht auf 1 m Weg	[1] 100 U der WZ = m am Hinterrad	5. Gang (Fahrgeschw.)	4. Gang alt (Fahrgeschw.)	4. Gang neu (Fahrgeschw.)	3. Gang alt (Fahrgeschw.)	3. Gang neu (Fahrgeschw.)	2. Gang	1. Gang	Rückwärtsgang schnell (Fahrgeschw.)	Rückwärtsgang langsam (Fahrgeschw.)	Kriechgang	Bemerkungen
	Umdr.	m	km/h	km/h	km/h	km/h	km/h	km/h	km/h	km/h	km/h	km/h	
													[1] Bei Reifendruck 1,5 atü.
8–32	2,4	19,7	23,1	11,5	13,5	6,7	7,5	4,7	3,0	6,1	3,0	1,48	[2] bez. auf n Motor = 1875 U/min.
10–28	2,4	19,10	23,0	11,4	13,5	6,7	7,5	4,7	3,0	6,1	3,0	1,48	[3] bez. Auf n Motor = 1800 U/min.
11–28	2,3	20,14	24,2	12,0	4,2	7,0	7,9	4,9	3,1	6,5	3,1	1,56	
11–38	1,9	24,26	29,2	14,5	17,1	8,5	9,5	5,9	3,7	7,8	3,7	1,87	Übersetzung: Triebling-Tellerrad 6:29 oder 7:34, Portalachse 10:39
13–30	2,0	22,53	27,1	13,5	15,9	7,9	8,9	5,5	3,5	7,2	3,5	1,74	
10–28	2,4	19,10	20,0	9,9	11,7	5,8	6,5	4,1	2,6	5,4	2,6	1,29 [2]	
11–28	2,3	20,14	20,0	9,9	11,7	5,8	6,5	4,1	2,6	5,4	2,6	1,29 [3]	
													Übersetzung: Triebling-Tellerrad 6:29 oder 7:34, Portalachse 10:40, eingebaut in A 133
8–32	2,5	18,70	22,4	11,2	13,2	6,5	7,3	4,5	2,9	6,0	2,9	1,44	
10–28	2,5	18,64	22,4	11,2	13,2	6,5	7,3	4,5	2,9	6,0	2,9	1,44	
11–28	2,4	19,64	23,6	11,7	13,9	6,8	7,7	4,8	3,0	6,3	3,0	1,51	
11–38	1,9	23,67	28,4	14,1	15,7	8,3	9,3	5,8	3,7	7,6	3,7	1,82	
13–30	2,0	21,98	26,4	13,1	16,7	7,7	8,6	5,4	3,4	7,1	3,4	1,7	

Porsche-Diesel-5-Gang Getriebe AP17 AP16 AP22

Reifen-größe	[1]Tachowelle dreht auf 1 m Weg	[1]100 U der WZ = m am Hinterrad	5. Gang (Fahr-geschw.)	4. Gang (Fahr-geschw.)	3. Gang alt (Fahr-geschw.)	3. Gang neu (Fahr-geschw.)	2. Gang	1. Gang	Rück-wärtsgang (Fahr-geschw.)	Kriechgang	
Bereifung	Umdr.	m	km/h	km/h	km/h	km/h	km/h	km/h	km/h	km/h	Bemerkungen
7–24	2,4	18,49	22,2	11,1	6,4	7,3	4,5	2,9	2,9	1,43	[1]Bei Reifen-druck 1,5 atü.
8–24	2,3	19,56	23,5	11,7	6,8	7,7	4,8	3,0	3,0	1,51	
8–32	1,9	23,62	28,4	14,1	8,2	9,3	5,3	3,6	3,6	1,82	Achtung! Be-reifungsgrö-ßen, die Ge-schwindigkei-ten über 30 km/h ergeben, sind aus Festigkeits-gründen nicht anzuwenden.
9–24	2,2	20,46	24,6	12,2	7,1	8,0	5,0	3,2	3,2	1,58	
10–28	1,9	23,54	28,3	14,1	8,2	9,2	5,7	3,6	3,6	1,82	
											Übersetzung: Triebling-Tellerrad 6:29, Portal-achse 12:38,
7–24	2,4	23,05	27,7	13,8	8,0	9,1	5,6	3,6	3,6	1,78	
8–24	2,3	24,38	29,3	14,6	8,5	9,6	5,9	3,8	3,8	1,88	
8–32	1,9	29,44	35,4	17,6	10,3	11,5	7,2	4,5	4,5	2,27	Übersetzung: Triebling-Tellerrad 8:31, Portalachse 12:38, einge-baut in AP 17 und AP 22 alt.
9–24	2,2	25,51	30,71	15,3	8,9	10,0	6,2	3,8	3,8	1,97	
10–28	1,9	29,34	35,3	17,5	10,2	11,5	7,1	4,5	4,5	2,26	

Porsche-Diesel-5-Gang Getriebe Standard AP18 AP22

Reifen-größe	[1]Tacho-welle dreht auf 1 m Weg	[1]100 U der WZ = m am Hinterrad	5. Gang (Fahrge-schwin-digkeit)	4. Gang alt (Fahr-geschw.)	4. Gang neu (Fahr-geschw.)	3. Gang alt (Fahr-geschw.)	3. Gang neu (Fahr-geschw.)	2. Gang	1. Gang	Rück-wärtsgang schnell (Fahr-geschw.)	Rückwärts-gang lang-sam (Fahr-geschw.)	Kriech-gang	
Bereifung	Umdr.	m	km/h	km/h	km/h	km/h	km/h	km/h	km/h	km/h	km/h	km/h	Bemerkungen
8–24	3,3	13,9	16,7	8,3	9,8	4,9	5,5	3,4	2,1	4,4	2,1	1,07	[1]Bei Reifendruck 1,5 atü.
8–32	2,7	16,78	20,1	10,0	11,8	5,8	6,6	4,0	2,6	5,2	2,6	1,29	Übersetzung: Triebling-Tellerrad 6:29 oder 7:34, Portalachse 11:49
10–28	2,7	16,73	20,1	10,0	11,8	5,8	6,6	4,0	2,6	5,2	2,6	1,29	
11–28	2,6	17,63	21,2	10,5	12,5	6,1	6,9	4,3	2,7	5,6	2,7	1,35	
8–24	3,3	17,3	20,9	10,4	12,3	6,1	6,8	4,2	2,7	5,5	2,7	1,34	Übersetzung: Triebling-Tellerrad 8:31, Portalachse 11:49
8–32	2,7	20,98	25,2	12,5	14,8	7,3	8,2	5,1	3,2	6,7	3,2	1,61	
10–28	2,7	20,91	25,1	12,5	14,8	7,3	8,2	5,1	3,2	6,7	3,2	1,61	
11–28	2,6	22,04	26,4	13,1	15,6	7,7	8,6	5,4	3,4	7,0	3,4	1,69	

ZF-Getriebe A 20/18 II Master

Reifengröße	7. Gang	6. Gang	5. Gang	4. Gang	3. Gang	2. Gang	1. Gang	Rückwärtsgang	Kriechgang	
	km/h	km/h	km/h	km/h	km/h	km/h	km/h	km/h	km/h	
										Über-setzung:
13–30	12,5	8,7	8,7	6,3	4,9	3,3	2,1	4,0		Triebling-Tellerrand 7:42
15–30	13,4	9,4	9,4	6,8	5,2	3,6	2,2	4,2		Ritzelwelle-Stirnrad 14:61
ZF Getriebe A 17, eingebaut in P 144										
							3,8			Über-setzung:
11–28				13,1	8,6	6,2	4,3	4,7	2,0	Triebling-Tellerrand 6:29
13–30				14,7	9,6	6,9		5,3	2,2	Ritzelwelle-Stirnrad 13:51

Vorderachse

Schlepper Typ	Vorspur	Sturz	Vorlauf	Nachlauf	Spurweite normal	1. Stufe Spurweite	2. Stufe Spurweite	3. Stufe Spurweite
	mm	Grad		Grad	mm	mm	mm	mm
P 111 K	3–6	4		3	1258	1028	1488	
P 111 K	3–6	4		3	1258	1028	1488	
Junior K	3–6	4			1250			
Junior L	3–6	4			1250	1350	1450	1550
Junior S	3–6	4			659	759	863	963
P 122	3–6	4	30 mm		1290	1422	1554	1686
P 133	3–6	4	30 mm		1290	1422	1554	1686
Super N	3–6	4			1250	1350	1450	1550
Super L	3–6	4			1250	1350	1450	1550
P 144	3–6	4	30 mm		1460			
Master	3–6	4			1460			
AP 16	3–6	4	30 mm		1250			
AP 17	3–6	4		3	1250	1400	1500	1650
AP 18	3–6	4		3	1250	1400	1500	1650
AP22	3–6	4		3	1250	1400	1500	1650
Standard	3–6	4			1250	1350	1450	1550

Fahrwerk

Schlepper Typ	Radstand	Wendekreis mit Lenk-bremse	bei Bereifung	Schlepper-gewicht ohne Geräte bei vollem Tank	Gewichts-anteil auf Vorderachse	Gewichts-anteil auf Hinterachse	Gesamt-gewicht der Belastungs-gewichte vorn	Gesamt-gewicht der Belastungsge-wichte hinten	Bemerkungen
P 111 K	1550	5,5	8–24	890	380	510		120 kg	
P 111 K	1700	5,8	8–24	885	375	510		120 kg	
Junior K	1544	4,9	8–24	882	401	481	75	60 kg	
Junior L	1825	5,5	8–24	970	434	536	75	60 kg	[1] Mit Dreipunkt-gestänge
Junior S	1544	5,0	8–24	921 1	395	526		60 kg	
P 122	1670	5,7	10–28	1505	555	950	136	106 kg	
P 133	1820	6,1	10–28	1625	600	1025	136	106 kg	
Super N	1790	6,1	10,28	1625	598	1027	136	106 kg	
Super L	2040	7,0	11–28	1710	623	1087	136	106 kg	
P 144	1980	7,0	13–30	2100	690	1410	280	420 kg	
Master	2435	8,6	13–30	2450	730	1720	280	360 kg	
AP 16	1500	4,8	8–24	1160	538	622	136	106 kg	
AP 17	1500	4,8	8–24	1000	400	600	144	106 kg	
AP 18	1680	5,5	8–32	1335	447	888	136	106 kg	
AP 22	1680	5,5	8–32	1335	447	888	136	106 kg	
Standard	1668	5,4	10,28	1299	432	867	136	106 kg	

Hinterradreifen

Schlepper Typ	dazu passende Felge	wirksamer Halbmesser (dyn.) bei 1,5 atü Luftdruck	Tragfähigkeit bei 1 atü Luftdruck	Luftdruck Acker	Luftdruck Straße	mögl. Wasser-füllung (kg)	Beifüllung von Chlor-Calcium	dazu passendes Vorderrad	
		mm	kg	atü	atü	kg	kg		
7–24	W 6x24	451	400	0,8	1,5	40	36+13	4,00–15 4,50–16	AP 17, P 111
7–30	W 6x30	528	425	0,8	1,5	45	40+15	4,00–15 4,50–16	AP 17, P 111
8–24	W 7x24	477	480	0,8	1,5	45	40+15	4,00–15 4,50–16	P 111, Junior AP 16, AP 17, AP 18, AP 22
8–32	W 7x32	576	550	0,8	1,5	60	55+20	4,5–16	AP 22, Standard
9–24	W 8x24	499	610	0,8	1,5	65	58+21	4,5–16	AP 17, AP 22 Stand.S
9–36	W 8x36	655	725	0,8	1,5	95	87+31	5,5–16	Super
10–28	W 9–28	574	800	0,8	1,5	90	80+30	5,50–16 5,00–16	P133, Super, AP 22 Standard
11–38	W 10x38	729	1100	0,8	1,5	170	150+55	5,00–16 6,00–20	Super Super L
11–36	W 10x36	699	1070	0,8	1,5			5,50–16 6,00–20	Super
13–30	DW 12x30	677	1350	0,8	1,5	200	180+65	6,00–20	Super, Master, P 144
15–30	DW 14x30	726	1975	0,8	1,5	285	255+95	6,00–20	Master, P 144
11–28	W 10x28	605	950	0,8	1,5	125	110+40	5,50–16	Super, Standard

Elektrische Anlage Spannung = 12 V

Schlepper Typ	Anzahl der Batterien	Kapazität bei 20° – stündiger Entladung	Anlasser-leistung	Anlasser-drehrichtung	Licht-maschine – Leistung	Nenndrehzahl der Licht-maschine und Drehrichtung	Bezeichnung der Licht-maschine	Zähne-zahl des An-lasser-ritzels	Zähnezahl des Anlas-serzahn-kranzes	Glühkerzen-bezeichnung	Bezeichnung der Licht-maschine
		AH	PS		W						
P 111	1	56	1,0	R	75	1800 L	RS/TA 75...90/ 12 A1	9	136	318 G=Beru oder KE/GA Z 2 Bosch für alle Typen	LJ / RED 75 / 12 / 1800 CL 6
Junior	1	56	1,0	R	75	1800 L	RS/TA 75...90/ 12 A1	9	136		LJ / RED 75 / 12 / 1800 EL 6
P 122 208	2	84	1,8	alt L neu R	90	2000 L	RS/TA 75...90/ 12 A 1	9	136		LJ / RED90 / 12 / 2000 CL 8
P 133	2	112	1,8	alt L neu R	90	2000 L	RS/TA 75...90/12 A 1	9	136		LJ / RED90 / 12 / 2000 CL 8
Super	2	112	1,8	R	90	2000 L	RS/TA 75...90/12 A 1	9	136		LJ / RED90 / 12 / 2000 CL 8
P 144	2	135	2,5	alt L neu R	90	2000 L	RS/TA 75...90/12 A 1	11	136		LJ / RED 90 / 12 / 2000 CL 8
Master	2	135	2,5	R	90	2000 L	RS/TA 75...90/12 A 1	11	136		LJ / RED 90 / 12 / 2000 CL 8
AP 16	1	84	1,8	L	75	1800 R	G 75/12 A 2	9	136		REE 75 / 12 / 1800 AR 1
AP 17	2	84	1,8	L	75	1800 R	G 75/12/2	9	136		REE 75 / 12 / 2000 R 1
AP 18	1	84	1,8	L	75	1800 R	G 75/12 A 2	9	136		REE 75 / 12 / 1800 AR 1
AP 22	1	84	1,8	L	75	1800 R	G 75/12/2	9	136		REE 75 / 12 / 2000 R 1
Standard	1	84	1,8	L	75	1800 R	G 75/12 A 2	9	136		REE 75 / 12 / 1800 AR 1

Förderbeginn

Motoren mit lastabhängiger Spritz-verstellung	Förderbeginn vor OT am Schwungrad gemessen	[1] Förderbeginn in Grad Kurbelwinkel bei Regelweg 13,9	[1] Förderbeginn in Grad Kurbelwinkel bei Regelweg 13,2	Bosch-Bezeichnung der Einspritzpumpen	Bosch-Bezeichnung der Einspritz-düse	Abmessung der Einspritzleitung	Bemerkungen
	mm	Grad	Grad				
Junior	115 (121 V)		34	PF 1 A 60 B S 419/2	DN 30 SD 158	6x2	Einspritzdruck für alle Motoren 150 bar Beim Prüfen der Düsen im Bosch-Prüfgerät 3 – 4 Druckstöße pro Sekunde abspritzen lassen [1] Regelwege entsprechen keinesfalls der Betriebsfüllung und sind nur Einstellwerte Betriebsfüllung bei 12 mm Regelweg
Standard	118	34		PF 1 A BS 419/2		6x2	
Super	121		34	PF 1 A 60 BS 419/2 PF 2 A 60 BS 420/2		6x2	
Master	121		34	FF 2 A 60 BS 420/2		6x2	

Nachträge für die „Technischen Daten"

In den grauen Nachtragsblättern sind die neuen Typen

Standard T 217	
Standard Star 219	
Super L 318	
Super 319	
Master 418	
Master 419	**datenmäßig ergänzt.**

Der Umfang der bisherigen „technischen Daten“ dient nach wie vor als Grundübersicht.

Der Typ	**217**	**ist mit dem Grundtyp Standard 218,**
	219	**ist mit dem Grundtyp Standard P 122,**
	L 318 und 319	**ist mit dem Grundtyp Super,**
	418 und 419	**ist mit dem Grundtyp Master**

zu vergleichen

Die Nachtragsblätter geben lediglich solche „Technischen Daten“ bekannt, die von den Daten der Grundtypen abweichen

Die in den Nachtragsblättern aufgeführten Daten sind mit den Seitenzahlen des betreffenden Grundtyps bezeichnet, so dass eine schnelle Überprüfung gewährleistet ist.

Standard T 217

		Seitenhinweis
Nennleistung Ne	20 PS	17
Hub s	108 mm	17
Bohrung d	90 mm	17
Hubvolumen	1374 cm^3	17
Nenndrehzahl	U/min	17
zulässiger Höhenschlag des Schwungrades	0,05 mm	21
zulässiger Planschlag des Schwungrades	0,05 mm	21
Kolbenring Nr. 4	Dachfase	23
Kolbenring Nr. 5	Dachfase	23
mittlere Kolbengeschwindigkeit	8,3 mm/sec	23
Kolben-Nenn-Durchmesser	89,91 blau gez.	23
Kolben-Nenn-Durchmesser	89,90 rot gez.	23
Höhe von Auflage Motor-Gehäuse bis Zyl.-Kopf	145 – 0,5 mm	24
Spaltmaß von Zylinderkante bis Kolben in OT	0,6 – 0,65 mm	24
Volumen d. Wirbelkammer bei momt. Düse u. Glühkerze	30,5+/-0,3 cm3	26
Einlassventil öffnet v. OT	65°	27
Einlassventil schließt n. UT	57°	27
Auslassventil öffnet v. UT	91°	27
Auslassventil schießt n. OT	65°	27
Art des Pumpenstößels	Rollenstößel	28
Spiel der Stößelrolle axial in Stößel	0,04-0,2 mm	28
Oberflächenhärte der Laufrolle	60+/-2 RC	28
Höhe d. Einspritznocken	8 mm	28
Einspritzpumpe	PF 1 A 60 BS 514/2 PF 1 A 60 BS 514/2	30
Betriebsfüllung pro Hub bei RW 10,2-10,4	36 – 38 mm^3	30
Startmenge pro Hub bei Regelweg 19,5-21	100 m^3	30
Länge der Regelfeder ungespannt	58,3 mm	31
Drehzahl d. Ölpupmpe bei Nenndrehzahl des Motors	1442 U/min	32 34
Drehzahl des Gebläses bei Nenndrehzahl	5670 U/min	35
Kupplungstyp F & S	K 12 Z	37
Krafthebertyp Arbeitsvermögen	Gotec 500 mkg	37
Hubkraft am Dreipunktgestänge	650 kg	37
Prüflast am 1 m langen Hubarm	300 kg	37
Überdruckventil eingest. auf = max. Betriebsdruck	130 atü	37
Gesamthub der Hubarme am äußeren Ende	305 mm	37

Standard T 217

		Seitenhinweis
Winkel der Hubarme zur Waagrechten:		
gehoben	29°	37
gesenkt	42°	37
Kolbendurchmesser	74 mm	37
Kolbenweg (Hub)	90 mm	37
Kraft am Hubarm	1360 kg	38
Kraftheberpumpe Typ	Gotec ZP 36/1 Linkslauf	38
Drehzahl Pumpe bei Nenndrehzahl Motor	3680 U/min	38
fördermenge bei Nenn-Drehzahl Motor	13,25 l/min	38
P max.	130 atü	38
Innendurchmesser der Saugleitung	13 mm	39
Hubraumleistung	14,6 PS/L	39
Verhältnis Hub/Bohrung	1,2	39
Kompressionsdruck (min.)	18 atü	39
Kraftstoffverbrauch bez. auf Md. max.	190 g/Psh + 10%	39
Drehzahlen im hohen Leerlauf (zugrundegelegt Ulg.=10%) für:		
Kurbelwelle (max. Upm)	2530 U/min	40
Gebläse	6230 U/min	40
Mähantriebsdrehzahl bei Nenndrehzahl	1090 U/min	40
Drehmoment bei Nenndrehzahl u. Nennleistung	6,22 mkg	40
Drehzahl Getriebe-ZW bei Motornenndrehzahl	533 U/min	41
Drehzahl Riemenscheibe auf Getriebe-ZW bei Motornenndrehzahl	1600 U/min	41
Drehzahl Getriebe-ZW im hohen Motorleerlauf	585 U/min	41
Drehzahl Riemenscheibe auf Getriebe-ZW im Motorleerlauf	1760 U/min	41
Drehzahl der Getriebe-ZW bei Motornenndrehzahl	540 U/min	41
Riemenscheibendurchmesser	180 mm	41
Riemenscheibenbreite	100 mm	
Riemenscheibengeschwindigkeit bei Riemenscheibe auf Getriebe-ZW	15,1 m/sec	42
Nenndrehzahl		42
Übersetzung der Riemenscheibe	1:3	42
Übersetzung der Getriebe-ZW zur Kurbelwelle	1:4, 32	42

		Seitenhinweis
Ölfüllmenge:		
Motor	4,5 ltr.	43
Getriebe	12,0 ltr.	43
Portalachse pro Seite	1,5 ltr.	43
Ansaug-Luftfilter	0,65 ltr.	43
Riemenscheibe	0,5 ltr.	44
Lenkung	0,5 ltr.	44
Kraftheber	3,0 ltr.	44
Füllmengen im Kraftstofftank	29 ltr.	44
Spurweiten Vorderachse		
normal		
1. Stufe	1140 mm	51
	1240 mm	
2. Stufe	1340 mm	52
3. Stufe	1440 mm	52
4. Stufe	1540 mm	52
Radstand	1850 mm	52
Wendekreis mit Lenkbremse	6,10 m	52
bei Bereifung	8–20 AS	52
	9–24 AS	
	10 –24 AS	
Schleppergewicht ohne	1110 kg	52
Geräte bei vollem Tank	1110 kg	
	1125 kg	52
Gewichtsanteil auf Vorderachse	460 kg	
	460 kg	52
	460 kg	
Gesamtgewicht der Belastungsgewichte	650 kg	
an den Hinterrädern	650 kg	
	665 kg	
Hinterradreifen	8–28 AS	53
	9–24 AS	
	10–24 AS	
dazu passende Felge	W 7 x 28	53
	W 7 x 24	
	W 9 x 24	
Wirksamer Halbmesse (dyn.) bei 1,5 atü	528 mm	53
Luftdruck	499 mm	
	523 mm	
Tragfähigkeit bei 1 atü Luftdruck	515 kg	53
	545 kg	
	725 kg	

		Seitenhinweis
Luftdruck Acker	0,8–1,0 atü	53
Luftdruck Straße	1,5 atü	53
mögl. Wasserfüllung	55 kg	
	65 kg	
	75 kg	
bei Befüllung von Chlor-Calcium	40+23 kg	53
	48+21 kg	
	68+25 kg	
dazu passend. Vorderrad	4,50–16 ASF	53
	5.00–16 ASF	53
Anzahl der BatterienKpazität	2	54
b. 20 stündiger Entladung	88 Ah	54
Glühkerzenbezeichnung	110 M (Beru) oder	54
	KE/CSA 10/3 (Bosch)	
Bezeichnung der Lichtmaschine	LJ/RED 90/12/	54
	2300 CL 8	

Standard T 219

		Seitenhinweis
Nennleistung Ne	30 PS	17
Bohrung d	98 mm	17
Hubvolumen	1750 cm³	17
Nenndrehzahl	2300 U/min	17
Außendurchmesser des Schwungrades	390 mm	21
Kolbenring Nr. 1	Doppel-Trapez	23
Kolbenring Nr. 2	Innenfase	23
Kolbenring Nr. 3	Nase	23
Kolbenring Nr. 4	Dachfase	23
Kolbenring Nr. 5	Dachfase	23
Mittlere Kolbengeschwindigkeit	8,9 m/sec	23
Kolben-Nenn-Durchmesser	97,88 blau gez.	23
Kolben-Nenn-Durchmesser	97,87 rot gez.	23
Kolbenbolzen	35 – 0,0035 mm	24
Farbe weiß	35 – 0,0035 mm	24
Farbe schwarz	bis – 0,007 mm	24
Zylinder-Innen-Durchmesser	98 – 0,022 mm	24
Zylinder-Außen-Durchmesser	112 mm	24
am oberen Rand		24
Spaltmaß von Zylinderkante	0,85 – 1,0 mm	24
bis Kolben in OT		27
Höhe von Auflage Motorgehäuse	145 – 0,05 mm	27
bis Zyl.-Kopf		27
max. Nachschleifmaß Durchmesser	99 – 0,022 mm	27
Einlassventil öffnet vor OT	65°	
Einlassventil schließt n. UT	57°	
Auslassventil öffnet v. UT	91°	28
Auslassventil schließt n. OT	65°	28
Förderbeginn vor OT gemessen	115,7 mm bei	28
am Schwungradumfang	regelweg 13,6	
Förderbeginn in Grad Kurbelwinkel b.	34°	
Regelweg 13,6 mm am Schwungrad-umfang	1° = 3,40 m	
0,1 mm Verstellung des Stößels = Verän derung des FB am Schwungradumfang	4,53	28
Einspritzpumpe (Dopp. P.m.	PF 2 A 60 BS	30
Mehrmengenanschlag Zyl. I/II	522/2	
Betriebsfüllung pro Hub bei RW 12,6	~ 53 mm³	30
Startmenge pro Hub bei RW 19,5 – 21	100 mm³	30
Querschnitt d. Einspritzltg.	6 x 1,5 mm	

Standard T 219

		Seitenhinweis
Bosch-Bezeichnung der Einspritzdüse	DN 30 S 2	30
Einspritzdruck	150 atü	30
Länge der Regelfeder ungespannt	36 mm	30
Fördermenge d. Ölpumpe pro 100 Umdrehungen	1700 cm^3	31
Fördermenge d. Ölpumpe bei Motordrehzahl 2000	17 ltr./min	32
Drehzahl d. Ölpumpe bei Nenndrehzahl d. Motors	1150 U/min.	32
Zahnradbreite	17-0,01 bis -0,03 mm	32
Gebläsedrehzahl bei Nenndrehzahl d. Motors	5670 U/min	34
Kühlluftmenge bei Motordrehzahl	330 ltr/sec	34
2000 U/min		35
Kupplungstyp F & S	K 12 Z oder Do 12/12 K	
Maß von Ausrückring bis Anschlussplatte bei eingebauter Kupplung	K 12=30 mm Do=47 mm	35
Spiel am Pedal	K 12=ca. 15 mm Do=ca. 20 mm	35
Spiel zwischen Aurückring u. Graphitring	K 12=2 mm Do=47 mm	35
max. Weg d. Ausrückrings	8,0 mm	37
	8,5/15 mm	37
Kraftheberty p	T 25	
Arbeitsvermögen	800 mkg	
Hubkraft am Dreipunktgestänge	800 kg	37
Überdruckventil eingest.	150 atü	
auf=max Betriebsdruck		37
Gesamthub der Hubarme	305 mm	37
am äußeren Ende		37
Winkel der Hubarme zur Waagrechen		37
gehoben	45°	37
gesenkt	30°	37
Kolbendurchmesser	80 mm	38
Kolbenweg (Hub)	108 mm	38
Kraft am Hubarm	2200 kg	
Kraftheberpumpe Typ	HY/ZFR 1//11 L 2 Linkslauf	38
Drehzahl Pumpe bei Nenndrehzahl Motor	3050 U/min	38
Fördermenge bei Nenndrehzahl Motor	16,8 l/min	38
P max.	150 atü	

		Seitenhinweis
Innendurchmesser der Saugleitung	19 mm	38
Hubraumleistung	17,3, PS/L	
Verhältnis Hub/Bohrung	1,18	39
Kraftstoffverbraiuch bez. auf Md. Max.	190 g/PSh + 10°	39
Ölverbrauch max.	1,5–2 g/PSh	39
Drehzahlen im hohen Leerlauf (zugrundegelegt Ulg. = 7%) für Kurbelwelle	2460 U/min	40
Gebläse	6060 U/min	40
Vordere Zapfwelle	1230 U/min	40
Vordere Zapfwelle bei Nenndrehzahl	1150 U/min	40
Mähantrieb bei Nenndrehzahl	1270 U/min	40
Mittlere Kolbengeschwindigkeit bei Nenndrehzahl d. Motors	8,9 m/sex	40
Drehmoment bei Nennleistungund Nenndrehzahl	9,35 mkg	40
Drehzahl Getriebe-ZW bzw.Motor-ZW bei Motornenndrehzahl	600 U/min	41
Drehzahl Riemenscheibe auf Getriebe- bzw. Motor-ZW bei Motornenndrehzahl	1285 U/min	41
Drehzahl Riemenscheibe auf vord. Zapfwelle bei Motornenndrehzahl	2460 U/min	41
Drehzahl Getriebe- bzw. Motor- ZW im hohen Motorleerlauf	642 U/min	41
Drehzahl Riemenscheibe auf Getriebe- bzw. Motor-ZW im hohen Motorleelauf	1375 U/min	41
Drehzahl Riemenscheibe auf vord. Zapfwelle im hohen Motorleerlauf	2630 U/min	41
Drehzahl 540 U/min der Getriebe- bzw. Motor-ZW bei Motordrehzahl	2070 U/min	41
Riemenscheibendurchmesser	245 mm	41
Riemenscheibenbreite!	100 mm	41
Riemengeschwindigkeit auf vorderer Zapfwelle	31,5 m/sec	42
Riemengeschwindigkeit bei Riemenscheibe auf Getriebebzw. Motor-ZW Nenndrehzahl	16,5 m/sec	42
Übersetzung der Riemenscheibe	1:2,14	42
Übersetzung d. Getriebe- bzw.	3,83:1	42
Übersetzung der vorderen Zapfwelle	2:1	41

		Seitenhinweis
Ölfüllmenge		
Motor	6 ltr.	43
Getriebe	16,5 ltr.	43
Ansaug-Luftfilter	0,65 ltr.	43
Riemenscheibe	0,75 ltr.	44
Lenkung	0,4 ltr.	44
Kraftheber	9 ltr.	44
bei Anschluss weiterer Zyl.	12 ltr.	44
Füllmenge im Kraftstofftank	42 ltr.	44
Spurweiten Vorderachse		51
normal	1148 mm	52
1. Stufe	1248 mm	52
2. Stufe	1348 mm	52
3. Stufe	1448 mm	52
4. Stufe	1548 mm	
5. Stufe	1648 mm	52
Radstand	2000 mm	
Wendekreis mit Lenkbremse	6,20 m	52
bei Bereifung	9–32 AS	
	9–36 AS	
	11–28 AS	
Schleppergewicht ohne Geräte	1510 kg	52
bei vollem Tank	1520 kg	
	1520 kg	
Gewichtsanteil auf Vorderachse	630 kg	53
	630 kg	
	630 kg	
Gewichtsanteil auf Hinterachse	880 kg	53
	890 kg	
	890 kg	
Gesamtgewicht der Belastungsgewichte an den Hinterrädern	60 kg	
Hinterradreifen	9–32 AS	
	9–36 AS	
	11–28 AS	
dazu passend Felge	W 8 x 32	
	W 8 x 36	
	W 9 x 28	
Wirksamer Halbmesser (dyn.) bei 1,5 atü Luftdruck	603 mm	53
	655 mm	
	605 mm	

		Seitenhinweis
Tragfähigkeit bei 1 atü Luftdruck	690 kg	53
	725 kg	
	950 kg	
Luftdruck Acker	0,8 – 1,0 atü	53
Luftdruck	1,5 atü	53
mögl. Wasserfüllung	80 kg	53
	95 kg	
	125 kg	
bei Befüllung von ChlorCalcium	58 + 34 kg	53
	87 + 31 kg	
	110 + 40 kg	
dazu passend. Vorderrad	5.00 – 16 ASF	53
	5.50 – 16 ASF	
	6.00 – 16 ASF	
Kapazität bei 20-stündiger Entladung	88 Ah	54
Glühkerzenbezeichnung	110 M (Beru) oder	54
	KE/GSA 10/ 3 (Bosch)	

Super 318

		Seitenhinweis
Nennleistung Ne	40 PS	17
Nenndrehzahl	2300 U/min	17
Kolbenring Nr. 4	Dachfase	23
Kolbenring Nr. 5	Dachfase	23
Höhe von Auflage Mat.-Gehäuse bis Zylinderkopf	145–0,5 mm	24
Spaltmaß von Zyl.-Kante bis Kolben in OT	0,75–0,85 mm	24
Einlassventil öffnet vor OT	65°	27
Einlassventil schließt nach UT	57°	27
Ausslassventil öffnet vor UT	91°	27
Auslassventil schließt nach OT	65°	27
Einspritzpumpe	PF 1 A 60 BS	30
Einzelpumpe mit Mehrmengenanschlag Zyl. I	486/2	
Doppelpumpe Zyl. II, III	PF 2 A 60 420/2	30
Grundeinstellung des Pumpenstößels (mit Dichtung o,4 mm)	3,2 +/- 0,4 mm 4,8 +/–0,4 mm	30
Betriebsfüllung pro Hub bei RW 12	49 +/- mm^3	30
Startmenge pro Hub bei RW 19,5–21	100 m^3	30
Ölpumpendrehzahl bei Nenndrehzahl des Motors	1150 U/min	32
Gebläsedrehzahl bei Nenndrehzahl des Motors	5689 U/min	34
Kraftheberty p Arbeitsvermgen	1050 mkg (ZF)	37
Hubkraft am Dreipunktgestänge	1100 kg	37
Prüflast am 1 m langen Hubarm Überdruckventil eingestellt auf = max. Betriebsdruck	650 kag	37
Kolbendurchmesser 100	125 atü	37
Kolbendurchmesser 90	150 atü	37
Gesamthub der Hubarme am äußeren Ende	325 mm	
Winkel der Hubarme zur Waagrechten		37
gehoben	74°	
gesenkt	4°	37
Zwangsläufige Abschaltung mm vor OT/gemessen am Umfang der Hubweite	10 mm	37
Kolbendurchmesser	100 mm; 90 mm	37
Kolbenweg (Hub)	110 mm	
Kraft am hubarm	2600 kg	37
Krafthebertyp	HY/ZFR 1/11 L2 Linkslauf	37

		Seitenhinweis
Drehzahl Pumpe bei Nenndrehzahl Motor	3600 U/min	38
Fördermenge bei Nenndrehzahl Motor	19,8 l/min	
P max.		38
bei Kolbendurchm. 100 (Bosch)	125 atü	38
bei Kolbendurchm. 90 (Bosch)	150 atü	38
Innendurchmesser der Saugleitung	19 mm	38
Drehzahlen im hohen Leerlauf		
(zugrundegelegt Ufg. = 6,5 %) für:	2450 U/min	40
Kurbelwelle (max. Upm)		
Gebläse	6060 U/min	40
vordere Zapfwelle	1225 U/min	
Drehzahlen bei Nenndrehzahl für:		40
vordere Zapfwelle	1150 U/min	40
Mähantrieb	1106 U/min	40
mittlere Kolbengeschwindigkeit	8,9 m/sec	
Drehmoment bei Nennleistung	12,6 m/kg	40
und Nenndrehzahl		40
Drehzahl Motor-ZW bei	565/1106 U/min	41
Motornenndrehzahl		
Drehzahl Riemenscheibe auf	1460 U/min	41
Motor-ZW bei Motornenndrehzahl		
Drehzahl Riemenscheibe auf vord.	2780 U/min	41
Zapfwelle bei Motornenndrehzahl		
Drehzahl Motor-ZW im	602/1178 U/min	41
hohen Motorleerlauf		
Drehzahl Riemenscheibe auf Motor-ZW	1555 U/min	
im hohen Motorleerlauf		41
Drehzahl Riemenscheibe auf	2960 U/min	
vord. Zapfwelle im hohen		
Motorleerlauf		41
Drehzahl der Motor-ZW bei	540 U/min	
Motornendrehzahl		
Riemenscheibendurchmesser	220 mm	41
Riemenscheibenbreite	150 mm	
Riemengeschwindigkeit auf	32,0 m/sec	41
vorderer Zapfwelle		41
Riemengeschwindigkeit bei Riemenscheibe	16,8 m/sec	42
auf Motor-ZW Nenndrehzahl		
Übersetzung d. Riemenscheibe		42
hinten	1:2,58	
vorn	1:2,42	

		Seitenhinweis
Übersetzung der Motor-ZW	1:4,07	42
zur Kurbelwelle	2:1	42
Übersetzung der vorderen Zapfwelle		42
Ölfüllmenge		
Planetentrieb je	2,8 ltr.	43
Kupplungsgehäuse	1,0 ltr.	43
Getriebe	24 ltr.	43
Ansaug-Luftfilter	0,7 ltr.	43
Lenkung	0,4 ltr.	43
Riemenscheibe	0,5 ltr.	43
Kraftheber	6,5 ltr.	43
Füllmenge im Tank	40 ltr.	43
Spurweiten Vorderachse:		51
normal	1380 mm	
1. Stufe	1480 mm	
2. Stufe	1580 mm	
3. Stufe	1680 mm	52
4. Stufe	1780 mm	
Radstand	2009 mm	52
Wendekreis mit Lenkbremse	6,65 m	
bei Bereifung	9-36 AS	52
	11-36 AS	
	3-30 AS	
Schleppergewicht ohne Geräte	1920 kg	52
bei vollem Tank	2000 kg	
	2000 kg	
Gewichtsanteil auf Vorderachse	700 kg	52
	700 kg	
	700 kg	
Gewichtsanteil auf Hinterachse	1220 kg	52
	1300 kg	
	1300 kg	
Gesamtgewicht der Belastungs-gewichte vorn	246 kg	52
Gesamtgewicht der Belastungs-gewichte an den Hinterrädern	360 kg	52
Gesamtgewicht der Belastungs-gewichte an der Hinterachse	120 kg	52
		53
Hinterradreifen	9-36 AS	
	11-36 AS	53
	13-30 AS	

		Seitenhinweis
dazu passende Felge	W 8 x 36	53
	W 10 x 36	
	DW 12 x 30	
Wirksamer Hubmesser (dyn.)	655 mm	53
bei 1,5 atü Luftdruck	699 mm	
	677 mm	
Tragfähigkeit bei 1 atü Luftdruck	725 kg	53
	1020 kg	
	1350 kg	
Luftdruck Acker	0,8–1,0 atü	53
Luftdruck Straße	1,5 atü	53
mögliche Wasserfüllung	95 kg	53
	160 kg	
	200 kg	
bei Befüllung von Chlor-Calcium	87+31 kg	53
	140+55 kg	
	180+65 kg	
dazu pass. Vorderrad	6.00–19 ASF	53
	6.00–20 ASF	
	7.50–16 ASF	
Bezeichnung der Lichtmaschine	LJ/RED 90/12	54
	2000 EL 8	
Glühkerzenbezeichnung	110 M (Beru) oder	54
	KE/GSA 10/3 (Bosch)	

Super 319

		Seitenhinweis
Nennleistung Ne	40 PS	17
Bohrung d	98 mm	17
Hubvolumen Vh	2625 cm^3	17
Nenndrehzahl	2100 U/min	17
Spez. Kraftstoffverbrauch	190 g/PSh + 10%	17
Mittlere Kolbengeschwindigkeit	8,1 m/sec	23
Kolben-Nenndurchmesser	97,88 blau gez.	23
Kolben-Nenndurchmesser	97,87 rot gez.	23
Kolbenbolzen		
Farbe weiß	35-0,0035 mm	24
Farbe schwarz	35-0,0070 mm bis-0,0035 mm	24
Zylinder-Innendurchmesser	98+0,022 mm	24
Zylinder-Außendurchmesser am oberen Rand	112 mm 0,85-1,00 mm	24
Spaltmaß	PF 1 A 60 BS 518/2	24
Einsritzpumpen	PF 2 A 60 BS 521/2	30
Drehzahl d. Ölpumpe bei Nenndrehzahl des Motors	1050 U/min	32
Gebläsedrehzahl bei Nenndrehzahl des Motors	5180 U/min	34
Kraftheberty p Arbeitsvermögen	110 mkg (PD)	37
Hubkraft am Dreipunktgestänge	1000 kg	
Überdruckventil eingest. Auf = max. Betriebsdruck	125 atü	
Gesamthub der Hubarme am äußeren Ende	320 mm	37
Winkel der Hubarme zur Waagrechten:		
gehoben	31°	37
gesenkt	48°	37
Zwangsläufige Abschaltung mm vor OT/gemessen am Umfang der Hubwelle	30 mm	37
Bodenventil im Kolben öffnet vor OT/am Umfang der Hubwelle gemessen	10 mm	37
Kolbendurchmesser	85 mm	37
Kolbenweg (Hub)	146 mm	37
Kraft am Hubarm	2100 kg	37
Kraftheberpumpe Typ	HY/ZFR 1/16 L 2 Linkslau	38
Drehzahl Pumpe bei Nenndrehzahl Motor	2780 U/min	38
Fördermenge bei Nenndrehzahl Motor	22,2 l/min	38

		Seitenhinweis
P max.	125 atü bei Kolben-durchmesser 85 (PD)	38
Innendurchmesser der Saugleitung	19 mm	38
Hubraumleistung	15,2 PS/L	39
Verhältnis Hub/Bohrung	1,18	39
Drehzahlen im hohen Leerlauf (zugrundegelegt Ulg. = 10 %) für:		
Kurbelwelle (max. Upm)	2300 Z/min	40
Gebläse	5690 U/min	40
Vordere Zapfwelle	1150/U min	40
Mähantrieb	1135 U/min	40
Mittlere Kolbengeschwindigkeit	8,1 m/sec	40
Drehmoment bei Nenn-drehzahl u. Nennleistung	13,6 mkg	41
Drehzahl Motor-ZW bei Motornenndrehzahl	579/1135 U/min	41
Drehzahl Riemenscheibe auf Motor-ZW bei Motornenndrehzahl	1918 U/min	41
Drehzahl Riemenscheibe auf vord. Zapfwelle bei Motornenndrehzahl	2540 U/min	41
Drehzahl Motor-ZW im hohen Motorleerlauf	635/1245 U/min	41
Drehzahl Riemenscheibe auf Motor-ZW im hohen Motorleerlauf	2100 U/min	41
Drehzahl Riemenscheibe auf vord. Zapfwelle im hohen Motorleerlauf	2790 U/min	41
Drehzahl 540 U/min der Motor-ZW bei Motordrehzahl	1960 U/min	41
Riemenscheibendurchmesser	220 mm	41
Riemenscheibenbreite	150 mm	41
Riemengeschwindigkeit auf vorderer Zapfwelle	29,3 m/sec	42
Riemengeschwindigkeit bei Riemenscheibe auf Motor-ZW bei Nenndrehzahl des Motors	22,0 m/sec	42
Übersetzung d. Riemenscheibe		
hinten	1:1,69	42
vorn	1:2,42	42
Übersetzung der Motor-ZW	1:3,63	42
zur Kurbelwelle	1:1,85	

		Seitenhinweis
Übersetzung der vorderen Zapfwelle		
Ölfüllmenge		
Kraftheber	5,2 ltr.	44
Planetentrieb je	2,8 ltr.	43
Kupplungsgehäuse	1,0 ltr.	43
Getriebe	24 ltr.	43
Ansaug-Luftfilter	0,7 ltr.	43
Lenkung	0,4 ltr.	43
Riemenscheibe	0,5 ltr.	43
Füllmenge im Kraftstofftank	40 ltr.	44
Spurweiten Vorderachse:		
normal	1380 mm	51
1. Stufe	1480 mm	
2. Stufe	1580 mm	
3. Stufe	1680 mm	
4. Stufe	1780 mm	
Radstand	2009 mm	52
Wendekreis mit Lenkbremse	6,65 mm	
bei Bereifung	9–36 AS	52
	11–36 AS	
	13–30 AS	52
Schleppergewicht ohne Geräte bei vollem Tank	1950 kg	
	2030 kg	
	2030 kg	
Gewichtsanteil auf Vorderachse	710 kg	52
	710 kg	
	710 kg	
Gewichtsanteil auf Hinterachse	1240 kg	52
	1320 kg	
	1320 kg	
Gesamtgewicht der Belastungsgewichte vorn	246 kg	52
Gesamtgewicht der Belastungsgewichte an den Hinterrädern	360 kg	52
Gesamtgewicht der Belastungsgewichte an der Hinterachse	120 kg	52
Hinterradreifen	9–36 AS	53
	11–36 AS	
	13–30 AS	
dazu passende Felge	W 8 x 36	53
	W 10 x 36	
	DW 12 x 30	

		Seitenhinweis
Wirksamer Hubmesser (dyn.) bei 1,5 atü Luftdruck	655 mm 699 mm 677 mm	53
Tragfähigkeit bei 1 atü Luftdruck	725 kg 1070 kg 1350 kg	53
Luftdruck Acker	0,8–1,0 atü	53
Luftdruck Straße	1,5 atü	53
mögliche Wasserfüllung	95 kg 160 kg 200 kg	53
bei Befüllung von Chlor-Calcium	87 + 31 kg 140 + 55 kg 180 + 65 kg	53
dazu pass. Vorderrad	6.00–19 ASF 6.00–20 ASF 7.50–16 ASF	53
Nenndrehzahl der Lichtmaschine u. Drehrichtung	200 L	54
Glühkerzenbezeichnung	110 M (Beru) oder KE/GSA 10/3 (Bosch)	54
Bezeichnung der Lichtmaschine	LJ/RED 90/ 12/2000 EL 8	54

Master 418

		Seitenhinweis
Kolbenring Nr. 4	Dachfase	23
Kolbenring Nr. 5	Dachfase	
Höhe von Auflage Mat.-Gehäuse bis Zylinderkop	145 – 0,5 mm	23
Einlassventil öffnet vor OT	65°	24
Einlassventil schließt nach UT	57°	27
Ausslassventil öffnet vor UT	91°	27
Auslassventil schließt nach OT	65°	27
Grundeinstellung des Pumpenstößels (mit Dichtung 0,4 mm)	4,8 +/- 0,4 mm	27
Einspritzpumpen		28
Doppelpumpe mit Mehrmengenanschlag	PF 2 A 60 BS	
Zyl. I, Zyl. II	487/2	
Doppelpumpe Zyl. III, IV	PF 2 A 60	30
Betriebsfüllung pro Hub bei RW 12	420/2	30
	49 +/- 1 mm³	30
Startmenge pro Hub beiRW 19,5 – 21	100 m³	30
Krafthebertyp	1050 mkg (ZF)	37
Arbeitsvermögen	1100 mkg (PD)	
Hubkraft am Dreipunktgestänge	1100 kg	37
	1000 kg	37
Prüflast am 1 m langen Hubarm	650 kag	37
Überdruckventil eingestellt	125 atü (ZF)	
auf = max. Betriebsdruck	150 atü (ZF)	37
	125 atü (PD)	
Gesamthub der Hubarme am	325 mm	37
äußeren Ende	330 mm	37
Winkel der Hubarme zurWaagrechten		
gehoben	74°/31°	37
gesenkt	4°/48°	
Zwangsläufige Abschaltung mm vor	10 mm	37
OT/gemessen am Umfang der Hubweite	30 mm	37
	10 mm (nur PD)	
Bodenventil im Kolben öffnet vor OT/am	100 mm (ZF)	37
Umfang der Hubwelle gemessen	90 mm (ZF)	
Kolbendurchmesser	85 mm (PD)	
Kolbenweg (Hub)	110 mm	37
	146 mm	
Kraft am Hubarm	2600 kg	38
	2100 kg	
Kraftheberpumpe Typ	HY/ZFR 1/16 L2 Linkslauf	38

		Seitenhinweis
Drehzahl Pumpe bei Nenndrehzahl Motor	3135 U/min	38
	2780 U/min	
Fördermenge bei Nenndrehzahl Motor	25 l/min (ZF)	38
	22,2 l/min (PD)	
P max.		
bei Kolbendurchm. 100 (Bosch)	125 atü	38
bei Kolbendurchm. 90 (Bosch)	150 atü	
bei Kolbendurchm. 85 (PD)	125 atü	
Innendurchmesser der Saugleitung	19 mm	38
Drehzahl Mähantrieb bei Nenndrehzahl des Motors	1081 U/min	40
Drehzahl Motor-ZW bei Motornenndrehzahl	551/1081 U/min	41
Drehzahl Riemenscheibe auf Motor-ZW bei Motornenndrehzahl	1422 U/min	41
Drehzahl Riemenscheibe auf vord. Zapfwelle bei Motornenndrehzahl	2420 U/min	41
Drehzahl der Motor-ZW im hohen Motorleerlauf	606/1189 U/min	41
Drehzahl Riemenscheibe auf Motor-ZW im hohen Motorleerlauf	1564 U/min	41
Drehzahl Riemenscheibe auf vord. Zapfwelle im hohen Motorleerlauf	2662 U/min	
Drehzahl 540 U/min der Motor-ZW bei Motordrehzahl	1960 U/min	41
Riemenscheibendurchmesser	220 mm	41
Riemenscheibenbreite	150 mm	41
Riemengeschwindigkeit auf vorderer Zapfwelle	27,8 m/sec	41 42
Riemengeschwindigkeit bei Riemenscheibe auf Getriebe- bzw. Motor-ZW Nenndrehzahl	16,3 m/sec	42
Übersetzung d. Riemenscheibe		
hinten	1:2,58	42
vorn	1:2,42	
Übersetzung der Getriebe-bzw. Motor-ZW zur Kurbelwelle	1:3,63 1:1,85	42
Übersetzung der vorderen Zapfwelle	2:1	42
Ölfüllmenge		
Getriebe	24 ltr.	43
Planetentrieb je	2,8 ltr.	43
Ansaug-Luftfilter	0,7 ltr.	43

		Seitenhinweis
Lenkung	0,4 ltr.	44
Riemenscheibe	0,5 ltr.	44
Kraftheber Bosch	6,5 ltr.	44
Kraftheber PD	5,2 ltr.	44
Hydr. Kupplung	6,5 ltr.	44
Kupplungsgehäuse	1,0 ltr.	44
Füllmenge im Tank	40 ltr.	44
Spurweiten Vorderachse:		
normal	1380 mm	51
1. Stufe	1480 mm	
2. Stufe	1580 mm	
3. Stufe	1680 mm	
4. Stufe	1780 mm	
Radstand	2166 mm	52
Wendekreis mit Lenkbremse	6,90 m	52
bei Bereifung	13–30 AS	52
Schleppergewicht ohne Geräte	11–36 AS	
bei vollem Tank	2100 kg	52
	2100 kg	
Gewichtsanteil auf Vorderachse	730 kg	52
	730 kg	
Gewichtsanteil auf Hinterachse	1370 kg	52
	1370 kg	
Gesamtgewicht der Belastungsgewichte vorn	246 kg	52
Gesamtgewicht der Belastungsgewichte an den Hinterrädern	360 kg	52
Gesamtgewicht der Belastungsgewichte an der Hinterachse	120 kg	52
Hinterradreifen	11–36 AS	53
	13–30 AS	
dazu passende Felge	W 10 x 36	53
	DW 12 x 30	
Wirksamer Hubmesser (dyn.)	699 mm	53
bei 1,5 atü Luftdruck	677 mm	
Tragfähigkeit bei 1 atü Luftdruck	1070 kg	53
	1350 kg	
Luftdruck Acker	0,8–1,0 atü	53
Luftdruck Straße	1,5 atü	53
mögliche Wasserfüllung	160 kg	53
	200 kg	

b

		Seitenhinweis
ei Befüllung von Chlor-Calcium	140 + 55 kg	53
	180 + 65 kg	53
dazu pass. Vorderrad	6.00 – 19 ASF	
	6.00 – 20 ASF	
	7.50 – 16 ASF	
Kapazität bei 20stündiger Entladung	112 Ah	54
Anlasserleistung	3 PS	54
Bezeichnung der Lichtmaschine	LJ/RED 90/12	54
	2000 EL 8	
Glühkerzenbezeichnung	110 M (Beru) oder	54
	KE/GSA 10/3 (Bosch)	

Master 419

		Seitenhinweis
Bohrung d	98 mm	17
Hubvolumen Vh	3500 cm³	17
Nenndrehzahl	2100 U/min	17
Spez. Kraftstoffverbrauch	190 g/PSh + 10 %	17
Mittlere Kolbengeschwindigkeit	8,1 m/sec	23
Kolbenbolzen Farbe weiß	35 – 0,0035 mm	24
Farbe schwarz	35 – 0,0070 mm	24
	bis – 0,0035 mm	24
Zylinder-Innendurchmesser	98 + 0,022 mm	
Zylinder-Außendurchmesser am oberen Rand	112 mm	24
Spaltmaß	0,85 – 1,00 mm	24
Einspritzpumpen	PF2 A60BS 521/2	30
	PF2 A60BS 522/2	
Drehzahl d. Ölpumpe bei Nenndrehzahl des Motors	1050 U/min	32
Gebläsedrehzahl bei Nenndrehzahl des Motors	5180 U/min	34
Krafthebertyp Arbeitsvermögen	110 mkg (PD)	37
Hubkraft am Dreipunktgestänge	1000 kg	37
Überdruckventil eingest. auf = max. Betriebsdruck	125 atü	37
Gesamthub der Hubarme am äußeren Ende	330 mm	37
Winkel der Hubarme zur Waagrechten:		
gehoben	31°	37
gesenkt	48°	37
Zwangsläufige Abschaltung mm vor OT/gemessen am Umfang der Hubwelle	30 mm	37
Bodenventil im Kolben öffnet vor	10 mm	37
OT/am Umfang der Hubwelle gemessen		37
Kolbendurchmesser	85 mm	37
Kolbenweg (Hub)	146 mm	37
Kraft am Hubarm	2100 kg	
Kraftheberpumpe Typ	HY/ZFR 1/16 L2 Linkslauf	38
Drehzahl Pumpe bei Nenndrehzahl Motor	2780 U/min	38
Fördermenge bei Nenndrehzahl Motor	22,2 l/min (PD)	38
P max. bei Kolbendurchm. 85 (PD)	125 atü	38
Innendurchmesser der Saugleitung	19 mm	38
Hubraumleistung	14,3 PS/l	39
Verhältnis Hub/Bohrung	1,18	39
Nenndrehzahl	2100 U/min	40
Drehzahlen im hohen Leerlauf (zugrundegelegt Ulg. = 9,5 %) für: Kurbelwelle (max. Upm)	2300 U/min	40

		Seitenhinweis
Gebläse	5690 U/min	40
Vordere Zapfwelle	1150 U/min	40
Drehzahlen bei Nenndrehzahl des Motors: Vordere Zapfwelle	1050 U/min	40
Mähantrieb	1135 U/min	40
Mittlere Kolbengeschwindigkeit bei Nenndrehzahl d. Motors	8,1 m/sec	40
Drehmoment bei Nennleistung	7,0 mkg	40
Drehzahl Motor-ZW bei Motornenndrehzahl	579/1135 U/min	41
Drehzahl Riemenscheibe auf Motor-ZW bei Motornenndrehzahl	1918 U/min	41
Drehzahl Riemenscheibe auf vord. Zapfwelle bei Motornenndrehzahl	2540 U/min	41
Drehzahl Motor-ZW im hohen Motorleerlauf	635/1245 U/min	41
Drehzahl Riemenscheibe auf Motor-ZW im hohen Motorleerlauf	2100 U/min	41
Drehzahl Riemenscheibe auf vord. Zapfwelle im hohen Motorleerlauf	2790 U/min	41
Drehzahl 540 U/min der Motor-ZW bei Motordrehzahl	1960 U/min	41
Riemenscheibendurchmesser	220 mm	41
Riemenscheibenbreite	150 mm	41
Riemengeschwindigkeit auf vorderer Zapfwelle	29,3 m/sec	42
Riemengeschwindigkeit bei Riemenscheibe auf Motor-ZW bei Nenndrehzahl des Motors	22,2 m/sec	42
Übersetzung d. Riemenscheibe hinten	1:1,69	42
vorn	1:2,42	42
Übersetzung der Motor-ZW	1:3,63	42
zur Kurbelwelle	1:1,85	43
Übersetzung der vorderen Zapfwelle	2:1	
Ölfüllmenge		
Getriebe	24 ltr.	
Planetentrieb je	2,8 ltr.	43
Ansaug-Luftfilter	0,7 ltr.	43
Lenkung	0,4 ltr.	44
Riemensheibe	0,5 ltr.	44
Kraftheber Bosch	6,5 ltr.	
Kraftheber PD	5,2 ltr.	44
Hydr. Kupplung	6,5 ltr.	44
Füllmenge im Tank	40 ltr.	44
Spurweiten Vorderachse: normal	1380 mm	44
1. Stufe	1480 mm	51

		Seitenhinweis
2. Stufe	1580 mm	
3. Stufe	1680 mm	
4. Stufe	1780 mm	
Radstand	2166 mm	
Wendekreis mit Lenkbremse	6,90 m	52
bei Bereifung	13–30 AS	52
	11–36 AS	52
Schleppergewicht ohne Geräte	2130 kg	52
bei vollem Tank	2130 kg	
Gewichtsanteil auf Vorderachse	740 kg	
	740 kg	52
Gewichtsanteil auf Hinterachse	1390 kg	52
	1390 kg	52
Gesamtgewicht der Belastungs-	246 kg	52
gewichte vorn	360 kg	52
Gesamtgewicht der Belastungs- gewichte an den Hinterrädern	120 kg	53
Gesamtgewicht der Belastungs-	11–36AS	
gewichte an der Hinterachse	13–30AS	53
Hinterradreifen	W 10x36	
	DW 12x30	53
dazu passende Felge	699 mm	
	677 mm	53
Wirksamer Hubmesser (dyn.)	1070 kg	
bei 1,5 atü Luftdruck	1350 kg	
	0,8–1,0 atü	53
Tragfähigkeit bei 1 atü Luftdruck	1,5 atü	53
Luftdruck Acker	160 kg	53
Luftdruck Straße	200 kg	53
mögliche Wasserfüllung	140+55 kg	53
	180+65 kg	
bei Befüllung von Chlor-Calcium	6.00–19 ASF	
	6.00–20 ASF	53
dazu pass. Vorderrad	7.50–16 ASF	
Glühkerzenbezeichnung	110 M (Beru) oder	
	KE / GSA 10/3 (Bosch)	54
Bezeichnung der Lichtmaschine	LJ/RED 90/12	
	2000 EL 8	54
Anlasserleistung	3 PS	54
Kapazität bei 20-stündiger Entladung	112 Ah	54

ZF-Getriebe A 216 Super L 318 Motor 2300 U/min

Reifengröße	8. Gang	7. Gang	6. Gang	5. Gang	4. Gang	3. Gang	2. Gang	1. Gang	1. Rückwärtsgang	2. Rückwärtsgang	3. Rückwärtsgang	4. Rückwärtsgang	Übersetzungsverhältnis
	km/h								km/h	km/h	km/h	km/h	
11-36	20,0	12,0	7,6	4,3	5,7	3,4	2,1	1,2	2,1	3,7	5,8	9,8	Stirnrad-übersetzung
30 -30	19,4	11,8	7,4	4,2	5,5	3,3	2,1	1,2	2,0	3,6	5,6	9,5	30:22
9-36	18,8	11,1	7,1	4,0	5,3	3,1	2,0	1,1	1,9	3,4	5,4	9,1	normal
												12,7	
11-36	26,2	15,5	9,9	5,6	7,4	4,4	2,8	1,6	2,8	4,8	7,5	12,3	Stirnrad-übersetzung
13-30	25,4	15,2	9,6	5,5	7,1	4,2	2,7	1,5	2,7	4,7	7,3	11,9	27:26
9-36	24,6	14,6	9,3	5,3	6,9	4,1	2,6	1,5	2,6	4,5	7,1		schnell

ZF-Getriebe A 216 Master 418 Super 319 Motor 2000 U / min

Reifengröße	8. Gang	7. Gang	6. Gang	5. Gang	4. Gang	3. Gang	2. Gang	1. Gang	1. Rück-wärts-gang	2. Rück-wärts-gang	3. Rück-wärts-gang	4. Rück-wärts-gang	Übersetzungs-verhältnis
	km / h	km / h	km / h	km / h	km / h	km / h	km / h	km / h	km / h	km / h	km / h	km / h	
11–36	20,0	11,9	7,3	4,4	5,6	3,3	2,0	1,2	2,1	3,5	5,8	9,7	Stirnrad-übersetzung
13–30	19,4	11,6	7,1	4,3	5,4	3,2	2,0	1,2	2,1	3,4	5,6	9,4	32:21
9–36 *	18,8	11,2	6,9	4,2	5,3	3,1	1,9	1,1	2,0	3,3	5,4	9,1	normal
11–36	26,2	15,7	9,6	5,8	7,3	4,4	2,7	1,6	2,8	4,6	7,6	12,7	Stirnrad-übersetzung
13–30	25,4	15,1	9,3	5,6	7,1	4,2	2,6	1,6	2,7	4,5	7,3	12,3	28:24
9–36 *	24,5	14,6	9,0	5,4	6,9	4,1	2,5	1,5	2,6	4,3	7,1	11,8	schnell

* nicht für Master 418

ZF-Getriebe A 216 Master 418 Super 319 Motor 2100 U / min

Reifengröße	8. Gang	7. Gang	6. Gang	5. Gang	4. Gang	3. Gang	2. Gang	1. Gang	1. Rückwärtsgang	2. Rückwärtsgang	3. Rückwärtsgang	4. Rückwärtsgang	Übersetzungsverhältnis
	km / h	km / h	km / h	km / h	km / h	km / h	km / h	km / h	km / h	km / h	km / h	km / h	
11-36	29,0	11,9	7,3	4,4	5,6	3,3	2,0	1,2	2,1	3,5	5,8	9,7	Stirnradübersetzung
30 -30	19,4	11,6	7,1	4,3	5,4	3,2	2,9	1,2	2,1	3,4	5,6	9,4	30:22
9-36	18,8	11,2	6,9	4,2	5,3	3,1	1,9	1,1	2,0	3,3	5,4	9,1	normal
11-36	27,4	16,5	10,0	6,1	7,8	4,6	2,8	1,7	2.9	4,8	7,9	13,3	Stirnradübersetzung
13-30	26,6	15,8	9,7	5,9	7,5	4,4	2,7	1,6	2,8	4,7	7,7	12,9	28:24
9-36	25,7	15,3	9,4	5,7	7,2	4,3	2,6	1,6	2,7	4,5	7,4	12,4	schnell

* nicht für Master 418 und 419

Getrag-Getriebe G 408 Standard T 217

Bereifung	8. Gang	7. Gang	6. Gang	5. Gang	4. Gang	3. Gang	2. Gang	1. Gang	1. Rückwärtsgang	2. Rückwärtsgang	Übersetzungsverhältnis
	km/h	km/h	km/h	km/h	km/h	km/h	km/h	km/h	km/h	km/h	
9–24	18,9	12,0	7,4	5,3	3,6	2,3	1,4	1,0	1,4	7,4	Kegeltrieb
8–28	20,0	12,7	7,8	5,6	3,9	2,4	1,5	1,1	1,5	7,8	7:38
9–28*	19,9	12,6	7,8	5,5	3,8	2,4	1,5	1,1	1,5	7,8	Portaltrieb:
10–24	19,7	12,5	7,7	5,5	3,8	2,4	1,5	1,1	1,5	7,7	10:58

Fahrgeschwindigkeiten * bei Motorendrehzahl 2200 U / min

Getriebe T 25 in Standard Star 219

Reifengröße	8. Gang	7. Gang	6. Gang	5. Gang	4. Gang	3. Gang	2. Gang	1. Gang	1. Rück-wärtsgang	2. Rück-wärtsgang	Übersetzungs-verhältnis
	km/h	km/h	km/h	km/h	km/h	km/h	km/h	km/h	km/h	km/h	
9–32											Kegeltrieb 7:37
9–36	20	13,6	8,9	6,6	4,5	3,1	2	2	2	8,9	Stirntrieb 13.63
11–28											(bei 9–36 = 12:63)
9–32 11–28	26,1	17,8	11,6	8,7	6,0	4,1	2,6	2,6	2,6	11,6	Kegeltrieb 7:37
9–36	28,3	19,3	12,6	9,4	4,5	4,4	2,9	2,9	2,9	12,4	Stirntrieb 16:59

Fahrgeschwindigkeiten

Literaturverzeichnis

Nachdrucke von Ersatzteillisten (ETL), Betriebs- (BA) und Reparaturanleitungen sowie Zusammenstellungen von wichtigen Einstell- und Verschleißdaten, für die Allgaier, Porsche-Diesel-Traktoren.

Allgaier Schlepper:

Handbuch Allgaier-Schlepper (R 22) A 22 und A 24

Diese 110 seitige Zusammenstellung enthält folgende Unterlagen: Betriebsanleitung (Ausg. 6/52, 4/54), Ersatzteilliste (Ausg. 4/54), Schmierplan, Wartungsanleitung Motor (Auszug aus Betriebsanleitung T 22, Ausg. 5/52), Umbauanleitung Regler, Drehzahleinstellung Mähwerk, Sicherung Mähantrieb, Montagewerkzeuge, Technische Daten und Einstellwerte.

Best. Nr.: A 20

Best. Nr.: A 03 BA: A 12/A 16 (40 S., Ausg. 3Best.Nr.:/ 52)

Best. Nr.: A 04 ETL: A 12/A 16 (52 S., Ausg. 9/52)

Best. Nr.: A 07 BA: AP 17 (1. Ausf. 24 S., Ausg. 6/51)

Best. Nr.: A 08 ETL: AP 17 (1. Ausf. 52 S., Ausg. 1950)

Best. Nr.: A 19 BA: AP 17 (2. Ausf. 40 S., Ausg. 1952)

Best. Nr.: A 12 ETL: AP 17/AP22 (2. Ausf. 114 S., Ausg. 1/54)

Best. Nr.: A 11 BA: AP 22 (58 S., Ausg. 6/55)

Best. Nr.: A 13 BA: AP 16 (54 S., Ausg. 5/55)

Best. Nr.: A 15 BA: A 111 (72 S., Ausg. 1/55)

Best. Nr.: A 16 ETL: A 111 (76 S., Ausg. 3/53)

Best. Nr.: A 10 BA u. ETL: A 122 (188 S., Ausg. 1953)

Best. Nr.: A 21 BA u. ETL: A 133 (215 S., Ausg. 53/56)

Best. Nr.: P 02 Reparaturbuch Porsche Diesel

Für folgende Typen: 111 bis A 144, P 111 bis P 144, Standard 218, AP 17, AP22, AP 16, AP 18, Standard 218. Behandelt ausführlich: Getriebe, Motor, Hinterachse, Kupplung, Vorderachse, Lenkung, Bremsen, Elektrik, Kraftheber. (264 S., DIN A 4)

Best. Nr.: P 34 ETL P 111 (110 S., 6/57) €18,00

Best. Nr.: P 04 BA Junior 108, 14 PS (32 S., 12/58)

Best. Nr.: P 14 BA Junior 109, 15 PS (38 S., 10/61)

Best. Nr.: P 24 Werkstatt ETL Junior 108, 109 (ca. 400 S., 7/60)

Best. Nr.: Z 03 BA, ETL, Wartungsanleitung ZF Getriebe A 4 (Junior) ca. 92 S.

Best. Nr.: P 15 ETL AP 16 (Allgaier AP 16) (120 S., 1/57)

Best. Nr.: P 16 BA AP 18, 18 PS (64 S., 2/57)

Best. Nr.: P 17 BA AP 22, 22 PS (64 S., 3/57)

Best. Nr.: P 18 BA Standard 218, (V 218), 25 PS (64 S., 3/58)

Best. Nr.: P 05 BA Standard 218, 218 H, (218 V), 25 PS (31 S., 3/59)

Best. Nr.: P 06 ETL Standard (218), AP 18, AP 22 (186 S., 3/59)

Best. Nr.: P 33 ETL P 122 (A 122), Standard 208 (200 S., 8/56)

Best. Nr.: P 07 BA Standard T 217, 20 PS (32 S., 3/61)

Best. Nr.: P 03 Montageanleitung, Standard T 217 (24 S., 8/60)

Best. Nr.: P 25 Werkstatt ETL Standard T 217 (ca. 600 S., 8/60)

Best. Nr.: P 08 BA Standard Star 219, 30 PS (32 S., 12/60)
Best. Nr.: P 09 BA Stand. Star 219, 238, Sup. Exp. 329 (Super 339)(56 S.,7/61)
Best. Nr.: P 30 WerkstattETL Standard Star 238 (ca. 400 S., 7/62)
Best. Nr.:P 10 Montageanleitung Stand. Star 219, 30 PS (Sup. Exp. 329, Super 339) Montage und Demontage von Motor, Vorderachse,
Getriebe (T 25) etc., Elektrik. (56 S., 4/61)
Best. Nr.: P 23 WerkstattETL Standard Star 219 (ca. 400 S., 12/60)
Best. Nr.: P 11 BA Sup. N 308, Sup. L 308, Master 408
Best. Nr.: P 20 (34 S., 11/58) ETL Super 308 und Master 408
Best. Nr.:Z 02 (A 133/P 133, Getr. ZF A 15 o. P.D., A 144/P 144, Getr. ZF A 17 o. ZF A 20/18 II) (210 S., 5/59) BA, ETL u. Wartungsanleitung für das ZF/ZP Getriebe A20/18 II (für P.D. Schlepper, Master 408/409) ca. 120 S.
Best. Nr.: P 12 BA Sup. N 308, Sup. L 318, Master 418 (36 S., 3/60)
Best. Nr.: P 19 BA Sup. N 309, Sup. L 319, Master 419 (36 S., 8/61)
Best. Nr.: P 36 Werkstatt ETL Super 309 (ca. 400 S., 1961)
Best. Nr.: P 21 Hydraulikanlagen Technik, Bedienung, Reparatur etc. für die Getriebe T 25, ZF A 4 u. PorscheDiesel. (60 S., 2/61)
Best. Nr.: P 26 WerkstattETL Super Export 329 (ca. 400 S., 10/61)
Best. Nr.: P 27 WerkstattETL Master 418/419 (ca. 400 S., 7/61)
Best. Nr.: P 28 WerkstattETL Super L 318 (ca. 400 S., 4/60)
Best. Nr.: P 29 WerkstattETL Super 319, Ergänzungsliste zu L 318 (ca. 250 S., 4/61)
Best. Nr.:Z 04 BA, ETL u. Wartungsanleitung für das ZF/ZPGetriebe A216 (für P. D. 318, 319, 418, 419) ca. 110 S.
Best. Nr.: P 32 Sonderwerkzeuge (14 S.)

Alle diese Nachdrucke sind zu beziehen von

Schwungrad-Versand
Inh. Armin Bauer
Hägewiesen 8
D-31311 Obershagen
Telefon: 05147 - 8337
Fax: 05147 - 7543
Email: info@schwungrad.de

Links zu Allgaier Porsche Diesel Oldtimer Traktoren

Porsche-Diesel-Club Europa e.V.
offiziell anerkannt von der Dr. Ing. h. c. F. Porsche AG
Edisonstrasse 25 A D-28357 Bremen / Horn-Lehe

Telefonische Erreichbarkeit:
Telefon: 0421 / 27 81 98 19
Telefax: 0421 / 27 81 98 29

http://www.porsche-diesel-classic.de/
email: stegen@porsche-diesel-club.de

Regionale Stammtische des
Porsche-Diesel-Club Europa e.V.
http://www.porsche-diesel-classic.de/
Wichtige Adressen für
die Ersatzteilbeschaffung
http://www.senger-traktorteile.de/
http://www.schlepper-elektrik.de/
http://www.treckerparts.de
http://www.fricke.de
http://www.traktormuseum-lackner.at/
http://www.brunnegard.se/
http://wispaoldtimers.nl/
http://www. delegro.nl/

Museen
http://www.traktormuseum-lackner.at/
http://www.riffian.com/

Der Autor

Bernhard Köser, geboren 1956, selbst mit einem Porscheschlepper auf dem elterlichen Bauernhof aufgewachsen, interessierte sich schon in jungen Jahren für Porsche-Diesel Schlepper. Mit der Ausbildung zum Landmaschinenmechaniker legte er das Fundament für seinen Traumberuf. Mit der Weiterbildung zum Landmaschinenmechanikermeister und Betriebswirt des Handwerks wurden auch die Voraussetzungen und das nötige Rüstzeug für die Oldtimer-Restaurierung geschaffen. Mit seinen Reparaturberichten und den dazu gehörenden Präsentationen verband er seinen Namen untrennbar mit der Porsche-Diesel-Szene.

Die in diesem Buch enthaltenen Empfehlungen und Angaben sind vom Autor mit größter Sorgfalt zusammengestellt und geprüft worden. Eine Garantie für die Richtigkeit der Angaben kann aber nicht gegeben werden. Autor und Verlag übernehmen keinerlei Haftung für Schäden und Unfälle.

Impressum

Bibliografische Information der Deutschen Nationalbibliothek
Die Deutsche Nationalbibliothek verzeichnet diese Publikation in der Deutschen Nationalbibliografie; detaillierte bibliografische Daten sind im Internet über http://dnb.d-nb.de abrufbar.

Wollgrasweg 41, 70599 Stuttgart (Hohenheim)
info@ulmer.de info@ulmer.de
Internet: www.ulmer.de
Lektorat: Werner Baumeister
Umschlagentwurf: Freiraum K, Karen Neumeister, Stuttgart
Fotos: Bernhard Köser
Innenlayout und dtp: Sabine Dohme, Planegg
Repro: Medienfabrik GmbH, Stuttgart
Druck und Bindung: BOD – Books on Demand, Norderstedt
Printed in Germany

ISBN 978-3-8001-5787-7